Neue Ideen für das *Cavalettitraining*

STANGENSPASS FÜR FORTGESCHRITTENE HUNDE

(Foto: Archiv Rumpf)

Steffi Rumpf

Neue Ideen für das *Cavalettitraining*

STANGENSPASS FÜR FORTGESCHRITTENE HUNDE

CADMOS

Haftungsausschluss:
Autor und Verlag haben den Inhalt dieses Buches mit großer Sorgfalt und nach bestem Wissen und Gewissen zusammengestellt. Für eventuelle Schäden an Mensch und Tier, die als Folge von Handlungen und/oder gefassten Beschlüssen aufgrund der gegebenen Informationen entstehen, kann dennoch keine Haftung übernommen werden.

Gender-Erklärung:
Aus Gründen der besseren Lesbarkeit verzichten wir im Cadmos-Verlag auf die gleichzeitige Verwendung der Sprachformen männlich, weiblich und divers (m/w/d) und wählen jeweils die männliche oder weibliche Form von personenbezogenen Hauptwörtern. Dies soll jedoch keinesfalls eine Geschlechterdiskriminierung oder eine Verletzung des Gleichheitsgrundsatzes zum Ausdruck bringen. Frauen, Männer und Diverse mögen sich von den Inhalten unserer Publikationen gleichermaßen angesprochen fühlen.

IMPRESSUM

CADMOS im CADMOS Verlag

Grafisches Konzept: www.ravenstein2.de
Covergestaltung: www.cadmos.de
Satz: druckvorstufe.at
Lektorat: Maren Müller
Coverfoto: Archiv Rumpf (Dr. Udo Recker)
Fotos im Innenteil: Archiv Rumpf (Bettina Falzeder, Marita Hajok, Petra Hermes, Svenja Laudenberg, Dr. Udo Recker, Thorsten Rumpf, Angela Steiner)

Druck: www.graspo.com

Deutsche Nationalbibliothek – CIP-Einheitsaufnahme
Die Deutsche Nationalbibliothek verzeichnet diese Publikation in der Deutschen Nationalbibliografie; detaillierte bibliografische Daten sind im Internet über http://dnb.ddb.de abrufbar.

Printed in EU

ISBN 978-3-8404-2068-9

INHALT

(Foto: Archiv Rumpf)

INHALT

(Foto: Archiv Rumpf)

DER STANGENSPASS GEHT IN DIE 2. RUNDE

Als mein Grundlagenbuch „Cavalettitraining für Hunde“ im Jahr 2011 erschien, war das Thema in der Hundewelt vollkommen neu. Dieses erste Buch wurde zwischenzeitlich mehrfach überarbeitet und ergänzt, denn erfreulicherweise hat sich die vielseitige und gesunde Beschäftigungsmöglichkeit für jederhund schnell etabliert – zahlreiche Hundehalter besitzen zumindest einige Stangen, um mit ihren Hunden das gezielte Überlaufen und bewusste Pfotensetzen zu üben; viele binden die Cavaletti gern in ihr Training für verschiedene Hundesportarten mit ein. Die Nachfrage nach weiterführenden Übungen ist groß und wird nun mit diesem neuen Buch für Fortgeschrittene endlich zufriedengestellt.

Du bist erst jetzt auf das Cavalettitraining aufmerksam geworden und kennst mein erstes Buch noch nicht? Kein Problem. Im Folgenden fasse ich die wichtigsten Punkte zusammen, als ersten Einblick für Neulinge und als kurze Auffrischung für alle anderen. Ich empfehle aber unbedingt, mit Hunden, die noch keine Erfahrung mit Cavaletti haben, zunächst die Übungen aus dem Grundlagenbuch zu trainieren oder die Basics in einem Seminar zu erlernen.

Das Cavalettitraining kommt aus dem Pferdesport und beinhaltet das Überlaufen (nicht Überspringen!) von niedrigen Bodenhindernissen, die meistens in einer Reihe hintereinander aufgestellt werden. Gearbeitet wird hauptsächlich im Schritt und Trab, es gibt jedoch auch einige Übungen für den Galopp.

Regelmäßiges Cavalettitraining schult die Motorik und das Körpergefühl von Hunden, insbesondere das Gefühl für die eigene Hinterhand. Es verbessert Koordination und Kondition, die Hunde lernen, sich besser zu konzentrieren, ruhiger und bewusster zu arbeiten sowie genauer auf ihren Hundeführer zu achten.

Mitmachen können fast alle Hunde, ob hektisch oder ruhig, klein oder groß, Welpe oder Senior, denn Cavalettitraining lässt sich optimal an die verschiedensten Bedürfnisse anpassen. Einschränkungen sehe ich zum Beispiel bei Hunden mit sehr kurzen Beinen und langem Rücken wie Dackel, Corgi, Bassett und Co. Ihre Schrittlänge passt nicht zu ihrer Rückenlänge, sodass man bei ihnen zusätzliche Tritte zwischen den einzelnen Cavaletti in Kauf nehmen muss. Meistens tun

Höhe und Abstände der Stangen werden individuell auf den Hund abgestimmt. (Foto: Archiv Rumpf)

sie sich insgesamt leichter, wenn man sie nur im Schritt über die Stangen gehen lässt. Hunde mit einer fehlenden Gliedmaße sind zwar in der Lage, Cavaletti zu bewältigen, können dabei jedoch kein physiologisch normales Gangbild entwickeln, weil sie immer ein Stück springen müssen, um das fehlende Bein in der Bewegung auszugleichen. Es ist nichts dagegen einzuwenden, diese Hunde im Schritt über niedrige, unbedingt gegen Wegrollen gesicherte Bodenstangen zur führen. Ein gleichmäßiges Überlaufen erhöhter Stangen ist ihnen jedoch nicht möglich und der gewünschte gymnastizierende Effekt ist zumindest fraglich. Auch für blinde Hunde ist Cavalettitraining eher nicht geeignet. Selbst wenn sie es bis zu einem gewissen Grad vermutlich lernen würden, ist die Verletzungsgefahr meiner Meinung nach zu groß.

Material, Abstände und Höhe

Für das Cavalettitraining musst du dir kein teures Spezialequipment für Hunde anschaffen. Kunststoffstangen bekommt man relativ günstig im Fußball-Trainingsbedarf. Dasselbe gilt für Muldenhütchen mit Einkerbungen in unterschiedlichen Höhen, die als Auflagen für

die Stangen dienen. Sie sind leicht stapelbar und lassen sich prima transportieren. Für bestimmte Übungen eignen sich auch etwas höhere Pylonen mit Löchern für die Stangen.

Ergänzendes Material für Fortgeschrittene findet sich zum Beispiel in den Bereichen Kinderturnen und Physiotherapie. Hierzu zählen Sensorikmatten für Kinder, Trainingsschwebebalken oder Balancepads. Bitte achte immer auf eine für den Hund griffige, rutschfeste Lauffläche und klebe gegebenenfalls selbst einen geeigneten Untergrund auf. Wer möchte, kann selbstverständlich auch speziell für Hunde hergestellte Sachen wie den FITBone™, Fitness-Igel oder das Dogstepper-System einbauen. Notwendig ist das jedoch nicht.

Die Abstände werden an den Hund angepasst. Für die Gangart Schritt betragen sie bei den meisten Hunden etwa die Länge des Vorderbeins bis zum Ellbogen, was ungefähr der halben Rückenlänge (Widerrist bis Rutenansatz) entspricht. Der bequeme Abstand für Trab ist etwas weiter. In der Regel entspricht er der Länge des Vorderbeins bis zur Schulter, also etwa der drei viertel Rückenlänge. Exaktes Messen ist nicht nötig, Augenmaß genügt, denn Hunde können, wie wir Menschen, ihre Schrittlänge anpassen. Bei größeren Hunden besteht etwas mehr Spielraum, bei kleineren Hunden können ein oder zwei Zentimeter allerdings schon einen entscheidenden Unterschied ausmachen.

Am besten du probierst ein bisschen aus, was für deinen Hund gut passt. Ideal ist es, wenn der Hund mit der Pfote mittig in die Zwischenräume tritt. Setzt er die Pfote sehr nah an der nächsten Stange auf oder überläuft sogar zwei Stangen auf einmal, ist der Abstand (zu) eng. Setzt der Hund die Pfote sehr dicht hinter der zu überlaufenden Stange auf, ist der Abstand (noch) zu weit. Das bequeme Mittelmaß für die Schrittlänge eignet sich als Einstieg. Je nach Trainingsziel und -schwerpunkt kann man die Abstände später etwas verringern (damit der Hund sich stärker „versammeln“, den Rücken aufwölben und gezielt kürzere Tritte machen muss) oder erweitern (um mehr Dehnung und größere Schritte zu erreichen). Auch physiotherapeutische Ziele oder eine Gangschulung können Gründe für veränderte Abstände sein.

Manche Trainer wählen einen mittleren Abstand, der zwischen den von mir empfohlenen Abständen für Schritt und Trab liegt, und nutzen diesen für beide Gangarten. Das funktioniert durchaus, die Hunde müssen dann aber immer mit eher kurzen Tritten traben. Da ich einen raumgreifenden Trab fördern möchte, plädiere ich für unterschiedliche Stangenabstände im Schritt und Trab, sofern nicht gezielt verkürzte Tritte trainiert werden sollen.

Die Stangenhöhe richtet sich ebenfalls individuell nach dem jeweiligen Hund. Sie sollte maximal etwa der Höhe entsprechen, auf der sich das Sprunggelenk befindet, da beim Überlaufen der Stangen eine physiologische und flüssige Bewegung erzielt werden soll. Dies wäre bei höheren Stangen nicht möglich, zudem würde der Hund zum Springen verleitet. Wie bei den Abständen ist es bei großen Hunden nicht ganz so entscheidend, die Sprunggelenkshöhe genau einzuhalten. Je kleiner der Hund, desto stärker fällt ein Zentimeter mehr als Sprunggelenkshöhe für ihn ins Gewicht. All das gilt für gesunde Hunde im mittleren Alter. Senioren und Welpen sollten hingegen nur über am Boden liegende Stangen laufen, die mit Heringen oder Ähnlichem so gesichert sind, dass sie nicht wegrollen können. Dies trifft auch bei Hunden mit Problemen im Bewegungsapparat zu – hier selbstverständlich nach Rücksprache mit dem Tierarzt.

Der Untergrund und die gewählten Abstände sind weitere Faktoren, die bei der Höhe berücksichtigt werden müssen. So solltest du bei tiefem Untergrund wie Sand die Höhe lieber moderat halten. Auch bei erweiterten Abständen wird nicht auf voller Höhe trainiert, weil sich Schulter- und Hüftgelenk nicht zugleich maximal nach vorn und maximal nach oben bewegen können.

Eine wichtige Faustregel für die Abstände in Bezug zur Höhe lautet daher: Je höher die Stangen liegen, desto geringer müssen die Abstände sein, und je flacher die Stangen liegen, desto weiter dürfen die Abstände sein.

Cavalettitraining ist Bodenarbeit

Der Begriff „Bodenarbeit" kommt ursprünglich aus der Reitersprache und bezeichnet dort all das, was der Mensch mit dem Pferd machen kann, solange er sich am Boden befindet. Cavalettitraining gehört dazu, kann aber auch beim Reiten mit einbezogen werden. Im Zusammenhang mit Hunden erscheint der Begriff nach dieser Definition erst einmal unpassend. Ich verwende ihn trotzdem, definiere ihn aber anders: Im Hun-

Die Vorteile des Cavalettitrainings

- Effektives, ruhiges Training ohne Sprünge
- Anhaltende Anspannung der Muskulatur über längere Zeiträume (bei mehreren Stangen in einer Cavalettistrecke)
- Verbesserung von Konzentration und Aufmerksamkeit
- Gymnastizierung
- Verbesserung des Gleichgewichts und der Körperwahrnehmung im Raum
- Bewusster – einzelner – Einsatz aller vier Beine, auch der Hinterhand
- Teamwork und Spaß mit dem Hundeführer
- Abwechslungsreiches Training, indoor und outdoor, auch geeignet als Warm-up oder Cool-down für andere Hundesportarten
- Gut kombinierbar mit anderen Trainingselementen
- Aufbau und Verbesserung der Kondition
- Verbesserung der Koordinationsfähigkeit
- Gangbildverbesserung/-korrektur (Pass, Schongänge)
- Rehabilitation
- Dehnung/Versammlung – gezielte Veränderung der Schrittlänge

detraining bedeutet Bodenarbeit für mich, dass der Hund immer mindestens eine Pfote am Boden hat. Es geht um konzentriertes, ruhiges Arbeiten ohne Sprünge. Deshalb hat die Galopparbeit im Cavalettitraining auch einen Sonderstatus. Für Bodenarbeit benötigen Hunde eine gute Koordination. Wird das Training gezielt und in kleinen Schritten aufgebaut, kann es die Koordination andererseits auch entscheidend verbessern.

Cavalettitraining als Koordinationstraining

Unter Koordination versteht man die Fähigkeit, sich mühelos, zielgerichtet und im Gleichgewicht zu bewegen, wobei im Körper verschiedene Systeme und Strukturen harmonisch zusammenwirken. Beteiligt an der Koordination und dem Gleichgewicht eines Lebewesens sind folgende Organe und Strukturen:

Das **zentrale Nervensystem**, bestehend aus dem Gehirn als Schaltzentrale, in der Informationen/Auslöser von Verhalten und Reaktionen verknüpft und verarbeitet werden, sowie dem Rückenmark.

Das **periphere Nervensystem**, bestehend aus all den Nerven, die Augen, Nase, Ohren, Muskeln und vieles mehr mit dem Gehirn verbinden. Es ist unter anderem für die Steuerung der Bewegungen verantwortlich.

Unterschiedlich hohe Stangen und verschiedene Untergründe fördern die Koordinationsfähigkeit. (Foto: Archiv Rumpf)

Die **Sinnesorgane** mit ihren jeweils unterschiedlichen Aufgaben:

Augen (Sehsinn): Hunde nehmen ihre Welt wahrscheinlich eher in Grautönen wahr, ähnlich wie Menschen mit einer Rotgrünschwäche. Ihr Sehvermögen ist zudem optimal an die Dämmerung angepasst. Das räumliche Sehen ist hingegen eingeschränkt. Die Cavaletti sind für Hunde dennoch gut erkennbar, unabhängig von der Farbe. Unerfahrene Hunde tun sich aber manchmal schwer mit verschieden hoch liegenden Stangen, weil sie die Höhe der ersten Stange auch für alle anderen annehmen.

Ohren (Hörsinn): Im Ohr sitzt das Gleichgewichtsorgan, das wie bei uns für die Balance und die Koordination eine wesentliche Rolle spielt. Beim Training ist außerdem zu bedenken, dass Außengeräusche den Hund ablenken können.

Nase (Geruchssinn): Dieser für Hunde sehr wichtige Sinn dient ebenfalls der Orientierung im Raum. Gerüche können einen Hund im Training ablenken oder auch dazu führen, dass er bestimmte Untergründe meidet.

Haut (Tastsinn): Tasthaare helfen bereits Welpen, bei denen noch nicht alle Sinne vollständig ausgebildet sind, sich im Raum zu orientieren. Die Vernetzung der Sinneszellen in der Haut sind für die Koordination maßgeblich. Durch sie erhält der Hund beispielsweise bei Berührung einer Stange die Information, dass er die Pfote beim nächsten Mal höher heben muss.

Zunge (Geschmackssinn): Der Geschmackssinn spielt beim Cavalettitraining höchstens dann eine Rolle, wenn es um die Auswahl der Leckerchen geht.

Die **Muskulatur**, und zwar insbesondere die quer gestreifte Skelettmuskulatur. Sie ist in wesentlichem Maß an der Koordination beteiligt, und da sie bewusst gesteuert werden kann, ist sie auch gezielt trainierbar, zum Beispiel durch die verschiedenen Übungen mit den Cavaletti. Die glatte Muskulatur wird hingegen vom vegetativen Nervensystem gesteuert. Sie beeinflusst die Funktion der inneren Organe und ist nicht willkürlich ansprechbar/trainierbar.

Weitere beteiligte Strukturen sind die **Gelenke, Sehnen** und **Bänder**, die Bewegungen des Skeletts überhaupt erst möglich machen, sowie die **Faszien**. Letztere bestehen aus elastischem, reißfestem Bindegewebe und umgeben die Muskulatur, die Organe, Sehnen und Knochen wie eine Art Netz. Muskelfaszien verhindern die Reibung zwischen einzelnen Muskeln und unterstützen durch ihre eigenen federnden Eigenschaften die Beweglichkeit, den Zusammenhalt und die Geschmeidigkeit. Durch Fehlbelastungen, Stress oder Traumata können Faszien verhärten/verkleben und Bewegungseinschränkungen verursachen. In diesem Fall sollte der betroffene Hund selbstverständlich von einem Experten wie einem Physiotherapeuten behandelt werden.

Cavalettitraining lässt sich hervorragend nutzen, um die Balance und die aktuell vorhandenen koordinativen Fähigkeiten eines Hundes zu erhalten oder sogar zu verbessern.

MUSKELN, NERVEN UND FASZIEN BRAUCHEN WIEDERHOLUNGEN

Nur wenn Bewegungen regelmäßig ausgeführt werden (Training), werden die entsprechenden Verkettungen für das dafür notwendige Zusammenspiel von Muskeln, Nerven und Faszien gebildet. So wird es möglich, dass häufig ausgeführte, gut bekannte Bewegungen effektiv, energiesparend und letztendlich nahezu unbewusst ausgeführt werden. Durch zielgerichtetes, durchdacht aufgebautes Training entsteht Sicherheit, sodass die geübten Abläufe schließlich auch in unbekannter Umgebung, unter Ablenkung und in Kombination mit weiteren Übungen gelingen. Das ist ein bisschen wie beim Erlernen des Autofahrens. Zunächst ist es komplex und schwierig, aber nach genügend Wiederholungen automatisieren sich die Abläufe. Man muss nicht mehr über jeden einzelnen Bedienungsschritt nachdenken. Diese Selbstverständlichkeit und Automatisierung bestimmter Abläufe wollen wir auch beim Cavalettitraining erreichen. Nach einer gewissen Trainingszeit wirst du feststellen, dass dein Hund sich besser auf dich konzentrieren und dir besser zuhören kann, weil er nicht mehr so stark damit beschäftigt ist, seine Bewegungen bewusst zu koordinieren. Er hat sie verinnerlicht.

WAS NÜTZT KOORDINATIONSTRAINING DEM HUND?

Ein wesentlicher Faktor beim Koordinationstraining ist, dass der Hund ein besseres Körpergefühl und insbesondere ein Bewusstsein für seine Hinterbeine entwickelt. Entwicklungsphysiologisch betrachtet ist die Hinterhand in erster Linie der „Motor", der es dem Hund ermöglicht, bei der Jagd schnell zu beschleunigen. Da unsere Hunde heute zunehmend älter werden, ist es jedoch sinnvoll, wenn sie lernen, sich möglichst verschleißarm zu bewegen. Hierbei spielt die Hinterhand eine wichtige Rolle. Sie muss helfen, das Körpergewicht zu tragen, indem sie mehr Last aufnimmt, und es ist zudem sinnvoll, wenn der Hund lernt, seine Hinterbeine bewusst zu setzen, statt sie gemäß seiner natürlichen Veranlagung mehr oder weniger automatisch den Vorderbeinen folgen zu lassen.

Wenn ein Hund insgesamt über eine gute Koordination verfügt, hat das zahlreiche Vorteile. Hier die wichtigsten:

- Er kann sich in jeglichen Situationen, ob im Training, im Sport oder auch unterwegs in Wald und Feld, jederzeit ausbalanciert und damit sicher und gefahrlos bewegen. Sein Risiko, auszurutschen, zu stolpern und zu stürzen, ist deutlich geringer als bei einem Hund mit Defiziten im Bereich Koordination.
- Er ist weniger anfällig für Verletzungen.
- Eine gute Koordination macht selbstbewusster und sicherer.
- Der Hund bewegt sich – soweit dies sein Körperbau zulässt – verschleißarm und geschmeidig.
- Er ist in der Lage, auch komplexe Bewegungsmuster, die beispielsweise für bestimmte Hundesportarten erforderlich sind, zu erlernen und sicher auszuführen.

Futterlocken ist meistens kontraproduktiv!

Bei Koordinations- und auch bei Balanceübungen sollte der Hund nur in Ausnahmefällen mit Futter gelockt werden. Das Futter vor der Nase lenkt die Hunde oft von der eigentlichen Übung ab. Außerdem neigen sie dazu, sich zu übernehmen, also mehr zu zeigen als das, wozu sie körperlich in der Lage sind, um an das Futter zu gelangen. Dein Hund sollte deshalb lernen, dass er das für ihn unsichtbare Futter erst dann als Belohnung bekommt, wenn er sich bemüht hat, die gestellte Aufgabe ruhig und konzentriert zu erarbeiten. Es kann nützlich sein, dem Hund ein sogenanntes Handtarget beizubringen. Hierfür lernt er, der Hand des Hundeführers zu folgen, gegebenenfalls auch, indem er sie mit der Nase berührt und diese Berührung hält.

Cavalettitraining als Teil des Konditionstrainings

Cavalettitraining kann außerdem ins Konditionstraining eingebaut werden. Hier geht es darum, Schnelligkeit, Ausdauer, Kraft und Beweglichkeit zu fördern. Konditionstraining kann auf unterschiedliche Art und Weise erfolgen, etwa indem man nach und nach mehr Stangen hinzunimmt, sodass die Reihen länger werden, mehrere Reihen mit Tempowechseln und Wendungen kombiniert, Steigungen einbaut oder Galopptraining hinzunimmt.

Die Basis hierfür sollte jedoch immer das Koordinationstraining bilden, denn ein schlecht koordinierter Hund wird beim Konditionstraining die Ziele deutlich langsamer erreichen und sowohl körperlich als auch mental stärker belastet werden als ein ausbalancierter Hund mit guten Koordinationsfähigkeiten.

Allgemeine Trainingshinweise

Wichtig ist, dass es beim Training mit den Cavaletti nicht um schnelle Erfolge geht, sondern um ruhiges und konzentriertes Arbeiten und um einen sinnvollen Aufbau vom Leichten zum Schweren. Das bedeutet nicht nur, dass neue Übungen schrittweise aufgebaut werden, sondern auch, dass du dein Training grundsätzlich mit einfachen Einstiegsübungen beginnen solltest. Denke daran, dass auch ein neuer Untergrund oder eine neue Trainingsumgebung den Schwierigkeitsgrad einer Übung steigern. Bei Hunden, die im Training schnell hochfahren, ist es zudem hilfreich, wenn du selbst versuchst, deine eigene Energie zu drosseln, etwa durch Sinkenlassen deiner Schultern, Ausatmen und bewusstes Lockerlassen deiner Bauchmuskeln. Du kannst auch in ruhigen Situationen ein Entspannungswort wie „Laaaaaangsaaaaaam“ konditionieren. Wenn dein Hund dieses Wort gut kennt und mit Entspannung verknüpft hat, kann es ihm helfen, im Training Ruhe zu bewahren.

DOS & DON'TS IM CAVALETTITRAINING

Hilfreich für erfolgreiches Cavalettitraining ist:

- Wenn der Hund die Arbeit mit verschiedenen Targets kennt. Sie sind zum Beispiel bei Übungen auf Distanz nützlich und können zudem eingesetzt werden, wenn Hunde dazu neigen, nach oben zum Hundeführer zu schauen statt auf die Cavaletti.
- Wenn der Hund es gewohnt ist, auf beiden Seiten des Hundeführers zu arbeiten. Beim Cavalettitraining sollte zwecks beidseitiger Gymnastizierung immer von links und von rechts gleichermaßen geübt werden.
- Bestätigung mit einem Click/Markersignal **während** der Übung, also über den Cavaletti. (Wichtig: Nicht erst am Ende bestätigen.)
- Eine angepasste Belohnungsqualität. Mit steigenden Anforderungen (längere Strecken oder andere für den Hund schwierige Aufgaben) sollte auch die Qualität der Belohnung steigen.
- Tiefes Belohnen (maximal auf Brusthöhe) aus der Hand, die dem Hund zugewandt ist. So lernt der Hund, den Kopf eher tief zu halten, und es besteht auch nicht die Gefahr, ihn mit der Hand auf die falsche Seite zu ziehen.
- Ein Signal fürs Nach-vorn-Schauen. Dieses kann man dem Hund im Alltag beim normalen Gehen beibringen und dann später über den Cavaletti nutzen. Geeignet ist hierfür die Arbeit mit einem Targetstick, der auf die gewünschte Höhe gehalten wird.

Beim Überlaufen der Cavaletti sollte der Hund möglichst nach vorn in Bewegungsrichtung schauen und den Kopf eher tief halten. (Foto: Archiv Rumpf)

Hinderlich im Cavalettitraining ist ...

- Futter in der Hand oder zu frühes In-die-Tasche-Greifen. Dies führt dazu, dass der Hund auf das Futter konzentriert ist, die Stangen nicht wahrnimmt und dagegentritt. Außerdem begünstigt es zu starkes Hochschauen, wodurch sich die Hinterhand des Hundes absenkt und der Hund mit den Hinterbeinen leichter Stangen abwirft.
- wenn der Hund, beispielsweise durch Obedience-Training, stark auf Hochschauen trainiert ist. In dem Fall sollte man zunächst ein „Schau nach vorn"-Signal einführen. Übergangsweise hilft es auch, erst mal rückwärts neben den Cavaletti herzugehen.
- wenn der Hund an der Leine zieht, denn dadurch verlagert sich sein Körperschwerpunkt nach vorn und unten, was ein Überlaufen der Stange mit freier Schulter unmöglich macht. Um bei solchen Hunden dennoch einen Lerneffekt zu erzielen, hilft es, zunächst Futter auf kleinen Tellern zwischen den Stangen zu platzieren oder, wenn der Hund dies kennt, zunächst mit Targets zu arbeiten. Diese Hilfsmittel kann man dann nach und nach abbauen.

TRAININGSDAUER UND -INTENSITÄT

Grundsätzlich ist es kein Problem, täglich im Schritt und Trab mit Cavaletti zu trainieren. Lediglich das Galopptraining, das Klettern oder das Dehnen sollten nicht zu oft einbezogen werden, bei gesunden Hunden maximal zwei- bis dreimal pro Woche. Vor intensiverem Cavalettitraining sollte der Hund 10 bis 15 Minuten lang aufgewärmt werden. Das Warmlaufen sollte auf beiden Seiten des Hundeführers erfolgen. Auch Slalomlaufen durch die Beine eignet sich prima und fördert die seitliche Beweglichkeit der Wirbelsäule. Für das Laufen über einfache Cavalettistrecken mit normalen Abständen und moderater Höhe ist kein Aufwärmen erforderlich, es kann vielmehr ins Aufwärmprogramm mit einbezogen werden.

Mit einem ungeübten Hund solltest du selbstverständlich zunächst nur kurz trainieren. Täglich mehrere kurze Einheiten von 5 bis 10 Minuten sind besser als ein- oder zweimal wöchentlich 30 Minuten oder länger. Bei fortgeschrittenen Hunden kommt es auf das Trainingsziel an.

Liegt der Schwerpunkt auf Konditionstraining, eignen sich längere Reihen aus niedrigen Stangen und längere (sich steigernde) Trainingsintervalle mit kurzen Pausen am besten. Kraft trainiert man in mehreren, eher kurzen Einheiten mit weniger Stangen, die dafür höher liegen. Auch Training an einer Steigung kann mit einbezogen werden. Die Koordination fördert man am besten durch viel Abwechslung und verschiedenste Kombinationen, auch mit unterschiedlichen Untergründen.

Die einzelnen Übungen können in mehreren Durchgängen jeweils mehrfach hintereinander ausgeführt werden. Ideal sind 2 bis 5 Minuten am Stück Bewegung, dann 2 bis 3 Minuten Pause und anschließend ein weiterer Durchgang. Zum Konditionsaufbau kann die Zeit in Bewegung nach und nach etwas ausgedehnt werden. Ein sinnvolles Vorgehen sieht für die meisten der in diesem Buch beschriebenen Übungen so aus:

- Die zu übenden Bewegungen werden erst langsam ausgeführt und dann schneller.
- Wenn eine neue Übung aufgebaut wird, sollte diese mindestens zwei-, besser dreimal pro Woche trainiert werden.
- Pro Einheit können mit der Zeit, sobald der Hund die Übung gut genug verstanden hat, vier bis fünf Wiederholungen eingeplant werden.
- Der Schwierigkeitsgrad der Übungen wird schrittweise vom Leichten zum Schweren gesteigert, und zwar immer erst dann, wenn die Abläufe dank regelmäßigem Üben sicher und flüssig klappen.

Bei den ruhigen Balanceübungen geht es eher um Stabilisation und Kraftaufbau. Hier genügen Anfangs 1 bis 2 Minuten pro Durchgang. Das Hauptaugenmerk sollte auch eher auf dem immer längeren Halten einer bestimmten Position liegen und weniger auf mehreren Wiederholungen.

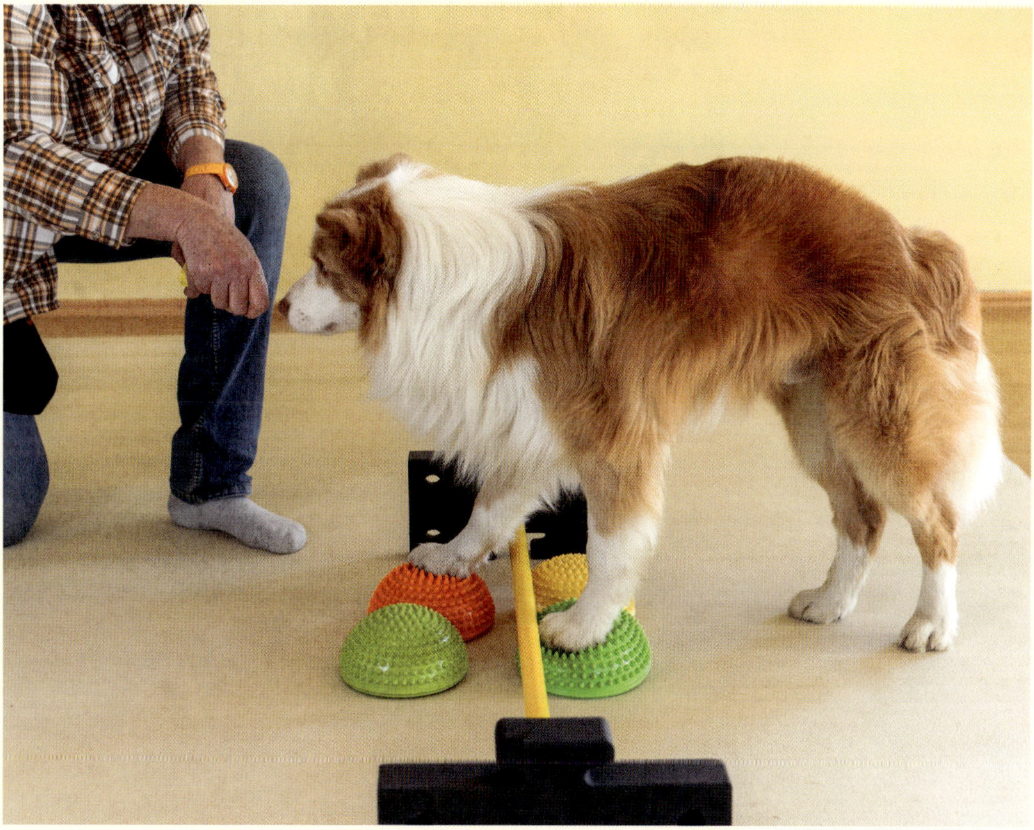

Bei Balanceübungen liegt der Fokus auf dem längeren Halten einer bestimmten Position. (Foto: Archiv Rumpf)

Unabhängig vom Ziel ist es wichtig, das Training grundsätzlich zu beenden, bevor der Hund zu erschöpft ist, um noch mitzuarbeiten. Du solltest allerdings nicht regelmäßig zu früh aufhören, weil du so keine Leistungssteigerung erzielen kannst.

Wenn etwas nicht gleich klappt, sollte der Hund in der Folge die Erfahrung machen, dass sich die zu Anfang möglichweise noch vorhandenen Bewegungseinschränkungen/Blockaden oder generelle Schwierigkeiten beim Überwinden der Stangen innerhalb der Trainingseinheit verringern werden und er sich dann lockerer und beweglicher fühlt. Nur so kann er die Aufgabe positiv verknüpfen. Also bitte nicht direkt aufgeben, wenn der Hund es nicht auf Anhieb schafft. Allerdings solltest du bei Übungen, die deinem Hund offensichtlich größere Probleme bereiten, immer zunächst abklären lassen, ob eine körperliche Einschränkung vorliegt, die zuerst behoben werden muss. Am besten lässt du deinen Hund ohnehin regelmäßig vom Physiotherapeuten durchchecken.

Wird zwei Tage pro Woche in mehreren kurzen Einheiten trainiert, kann sich schon innerhalb von zwei bis drei Wochen eine deutliche Verbesserung einstellen. Bei dreimal wöchentlichem Training wird innerhalb von vier bis acht Wochen Muskulatur auf-/umgebaut. Nach dieser Zeit können neue Trainingsschwerpunkte gesetzt werden.

Achtung: Bei längeren Trainingspausen wird die Muskulatur wieder abgebaut. Die Beweglichkeit und Koordinationsfähigkeit gehen ebenfalls verloren. Die Trainingsziele müssen dementsprechend angepasst werden.

Intensivieren des Trainingseffekts

Eine Möglichkeit, um Abwechslung ins Training zu bringen und die Hinterhand etwas stärker zu trainieren, ist, deinen Hund ein Objekt über die Cavaletti tragen zu lassen.

Dinge über Cavaletti tragen bringt Abwechslung ins Training und hat nebenbei einen zusätzlichen Trainingseffekt. (Foto: Archiv Rumpf)

Wähle hierfür Dinge aus, die das Anheben der Beine nicht behindern. Plüschtiere mit herabhängenden langen Beinen sind, insbesondere bei kleineren Hunden, eher ungünstig. Besser eignen sich Dummys oder Apportel. Große Hunde können auch einen kleinen Korb am Henkel über die Cavaletti tragen. Du kannst ihn unterschiedlich befüllen. Schafft es dein Hund, mit einem Korb voller Leckerli über die Cavaletti zu laufen?

Durch das Tragen verändern Hunde in der Regel ihre Kopfhaltung und spannen die Nackenmuskulatur stärker an, was bei dieser Form des Trainings eigentlich nicht

Die kleine Dackelhündin hat Spaß am Erlernen der neuen Übung. So soll es sein. (Foto: Archiv Rumpf)

gewünscht ist. Bei gelegentlicher Ausführung als Zusatzaufgabe ist der Effekt dennoch positiv, weil die Muskulatur durch den veränderten Schwerpunkt insgesamt ein bisschen anders angesprochen wird. Erfahrene Hunde werden zudem das zusätzliche Gewicht nicht mit den Schultern abfangen, sondern durch vermehrtes Winkeln der Gelenke der Hinterhand, was unserem Trainingsziel entspricht.

Die meisten Hunde tragen gern etwas im Maul, und diese Aufgabe hilft manchen Hunden, ruhiger zu arbeiten. Sollte dein Hund durch das Tragen jedoch eher beginnen, herumzukaspern, auf dem Objekt zu knautschen oder es herumzuwerfen, ist es (noch) nicht sinnvoll, ihn diese Übung über den Cavaletti ausführen zu lassen. Auch wenn dein Hund bekanntermaßen eine Einschränkung im Bereich der Halswirbelsäule hat, solltest du auf diese Aufgabe verzichten oder zumindest mit deinem Physiotherapeuten/Tierarzt Rücksprache halten.

Als weitere Möglichkeit, das Training effektiver zu gestalten, werden gelegentlich Gewichtsbandagen/-manschetten verwendet. Diese Hilfsmittel kann man zwar frei kaufen, ich rate jedoch davon ab, sie „auf gut Glück" zu nutzen. Bei falschem Einsatz werden damit Strukturen buchstäblich kaputt trainiert. Trainiere mit solchen Bandagen/Manschetten nur dann, wenn ein Fachmann wie beispielsweise ein Physiotherapeut dir dies empfohlen und genau erklärt hat. Er wird dich auch auf eventuelle Gefahren hinweisen, die bei falscher Ausführung der jeweiligen Übungen entstehen können.

STRESS IM TRAINING

Stress jeglicher Art blockiert die Lernfähigkeit. Daher solltest du nicht mit deinem Hund trainieren, wenn er, aus welchen Gründen auch immer, unter Stress steht. Mögliche Stressfaktoren sind:

- Witterung (Hitze, Kälte, Wind, nahendes Gewitter)
- Gerüche (Nachbar grillt, eine läufige Hündin ist in der Nähe, der Untergrund riecht sehr interessant/sehr unangenehm)
- Druck aufgrund zu hoher Erwartungen des Hundeführers

- insgesamt unangenehme Trainingsatmosphäre
- unpassende Trainingspartner (zu große Ablenkung durch den besten Hundekumpel oder den Erzfeind)
- Das Trainingsgelände wurde negativ verknüpft (zum Beispiel durch eine vorangegangene Beißerei).

Sollte dein Hund gestresst wirken, gilt es herauszufinden, was die Ursache ist und wie sie sich ausschalten oder zumindest abmildern lässt. Erst dann kann dein Hund wieder vom Training profitieren.

EINSATZ VON KÖRPERBÄNDERN

Körperbänder aus dem Tellington TTouch® Training können nervösen Hunden helfen, besser zur Ruhe zu kommen, bei ängstlichen Hunden das Selbstbewusstsein stärken und insgesamt zu einem besseren Körpergefühl beitragen. Je nach Einsatzzweck werden Körperbänder unterschiedlich gebunden. Wende dich am besten an einen Physiotherapeuten oder Tellington TTouch® Instructor, um die für deinen Hund geeignete Variante zu finden.

Eine Alternative zum Körperband ist das Thundershirt, ein Body, der sich eng an den Körper des Hundes schmiegt. Es ist leicht anzulegen und eignet sich gut für alle, die noch keine Erfahrung mit Körperbändern haben. Viele Hunde fühlen sich mit einem Körperband oder Thundershirt wohl, können sich besser entspannen und sich dadurch auch besser konzentrieren. Bei Hunden, die kein gutes Gefühl für ihre Hinterbeine haben, kann ein entsprechend angelegtes Körperband hilfreich sein. Manchmal genügen hier auch schon (nicht zu enge) Frotteehaargummis oberhalb der Pfotengelenke, um dem Hund mehr Bewusstsein für seine Hinterhand zu vermitteln.

Über die Nutzung dieses Buches

Ich empfehle, das Buch einmal von vorn bis hinten durchzulesen und anschließend mit den Übungen zu beginnen, die dich besonders ansprechen. Wenn du gern zu Hause im Wohnzimmer üben möchtest, eignen sich insbesondere die Übungen für wenig Platz, für den Garten dürfen es sicher schon etwas großzügiger angelegte Übungen sein, und auch alle, die gern in der Gruppe trainieren, finden in diesem Buch Anregungen.

Am besten liest du dir die gewählte Übung kurz vor dem Training erneut durch, legst alles bereit, was du benötigst, und baust die Übung gemäß der Anleitung auf. Ich empfehle zudem, ein Trainingstagebuch zu führen. Damit hast du die Fortschritte deines Hundes besser vor Augen und kannst, falls ihr mal irgendwo „festhängt", leichter Ursachenforschung betreiben.

Dieses Buch ist als Ideensammlung gedacht: Ich wünsche dir also viel Spaß beim Ausprobieren. Du kannst auch gern selbst kreativ werden und die Übungen etwas abwandeln. Falls du Fragen hast, freue ich mich, wenn du über meine Website www.doggi-fun.de Kontakt mit mir aufnimmst.

(Foto: Archiv Rumpf)

NEUE ÜBUNGEN FÜR WENIG PLATZ

Fürs Cavalettitraining benötigst du nicht unbedingt eine große Fläche. Mit den folgenden Übungen kannst du mit deinem Hund auch bei beengten Platzverhältnissen sinnvoll trainieren. Perfekt fürs Indoortraining an Regentagen oder auch fürs Training in kleinen Gärten.

Beincavaletti

Diese Übung eignet sich prima zum Aufwärmen und auch dazu, den Hund an das Überlaufen von anderen Hindernissen als Stangen zu gewöhnen. Du sitzt hierfür mit gegrätschten Beinen am Boden und führst den Hund mithilfe des Handtargets von der einen Körperseite über beide Beine auf die andere Körperseite. Belohne ihn immer in dem Moment, wenn er eines deiner Beine übersteigt. Baue dazu in unterschiedlichen Phasen Stopps ein, etwa dann, wenn der Hund ein Vorderbein hebt, wenn er ein Hinterbein hebt oder wenn sich dein Bein genau unter seinem Bauch befindet. Verändere später den Abstand deiner Beine und probiere auch, den Hund in ganzen Kreisen flüssig um dich herum und über deine Beine laufen zu lassen. Trainiere immer beide Richtungen. Mit einem größeren Hund kannst du auch das Seitwärtsübersteigen der Beine üben, wie hier im Abschnitt „Komplette Querverschiebung über mehrere Stangen" beschrieben.

Vokabeltraining

Wenn dein Hund die Aufgabe „Überlaufen von Hürden" grundsätzlich verstanden hat, ist es für das weitere Training hilfreich, dass du ihm unterschiedliche Signale für Springen (zum Beispiel „Hopp"), Überlaufen (zum Beispiel „Letti") und „Unterlaufen" (zum Beispiel „Durch") beibringst.

Das gelingt am besten mit drei verschiedenen Trainingssequenzen, in denen du anfangs jeweils nur eins der Signale abfragst. Als Hürde eignet sich eine Stange mit relativ hohen Pylonen rechts und links als Auflagen. Für „Durch" liegt die Stange dabei auf der höchsten, für „Hopp" auf einer mittleren und für „Letti" auf einer niedrigen Position. So ist es für den Hund am einfachsten. Sobald die

Vokabeltraining für Fortgeschrittene: Die Hürden stehen nah beieinander, unterscheiden sich in der Höhe aber so, dass alle Übungen für den Hund machbar sind. (Foto: Archiv Rumpf)

Signale einzeln und unabhängig voneinander sicher abrufbar sind, kannst du damit beginnen, sie in einer Trainingssequenz zu mischen. Dazu baust du, wie eben beschrieben, drei Hürden auf, die relativ weit voneinander entfernt stehen und sich, wie bei der vorherigen Übung, deutlich in der Höhe unterscheiden. Nun beginnst du zunächst mit den beiden Signalen, die deinem Hund am leichtesten fallen. Wenn er diese beiden Vokabeln gut unterscheiden kann, nimmst du die dritte mit dazu. Sobald dein Hund alle drei Signale bei diesem Aufbau sicher ausführt, ist er bereit für den nächsten Schritt. Du kannst nun die Höhe der Stangen weitestgehend angleichen, wobei die Stange für „Durch" in aller Regel immer höher liegen muss als die für „Letti". Lass deinen Hund nun abwechselnd laufen, springen und kriechen. So lernt er, genau auf deine Signale zu hören. Du kannst zur Abwechslung auch nur eine Hürde aufbauen und die verschiedenen Signale abfragen. Es versteht sich von selbst, dass die Stangenhöhe immer so sein muss, dass dein Hund das jeweilige Signal tatsächlich ausführen kann.

Es ist sinnvoll, diese Übung später auch in Strecken mit mehreren Stangen oder in einen Parcours einzubauen, um sicherzustellen, dass dein Hund sich auf dich und deine Anweisungen konzentriert und nicht nur aufgrund eines bestimmten „Bildes" ein bestimmtes Verhalten zeigt, also bei einer bestimmten Stangenhöhe immer springt/läuft/kriecht.

Komplette Querverschiebung über mehrere Stangen

Das Kreuzen der Vorderbeine oder der Hinterbeine wurde bereits im Grundlagenbuch beschrieben (Übungen für Fortgeschrittene/Pfoten seitlich kreuzen). Zunächst haben wir eine einzelne Stange zwischen den Vorder- und den Hinterbeinen des Hundes platziert und der Hund hat gelernt, parallel zur Stange seitlich zu treten. In einem weiteren Schritt wurde geübt, dass der Hund seitlich über mehrere parallel zu seinem Körper liegende Stangen tritt. Ziel war, dass dabei entweder nur die Vorderbeine oder nur die Hinterbeine kreuzen. Am einfachsten gelingt dies, wenn der Hund bei all dem frontal zum Hundeführer ausgerichtet ist.

Für die folgende Übung sollte der Hund bereits aufgewärmt sein. Es geht nun darum, dass er seinen gesamten Körper, und damit also Vorder- und Hinterbeine, seitlich über eine, später auch über mehrere Stangen bewegt. Hierzu muss er mit den Vorübungen (Seitwärtsgehen ohne Stangen, nur Vorder-

Noch nicht ganz perfekt, aber das aktive Seitwärtstreten mit den Hinterbeinen ist schon gut zu erkennen. (Foto: Archiv Rumpf)

beine kreuzen über den Stangen und nur Hinterbeine kreuzen über den Stangen) bereits gut vertraut sein. Führe deinen Hund anfangs nur über eine Stange, die zu seiner Körperlänge passt. Diese Stange sollte lediglich im Bereich der Vorderbeine leicht erhöht sein, am besten mithilfe eines Dogstepper-Elements oder einer Pylone, damit sie nicht so leicht hinunterrollt. Führe aus der Frontposition und achte darauf, dass der Hund den Kopf nicht zu hoch trägt. Er muss die Stange sehen können. Ziel ist, dass er die Vorderbeine und die Hinterbeine seitlich über die Stange setzt. Das klappt am besten, wenn er deine Bewegungen spiegelt: Du machst also vor ihm einen Schritt nach links und führst ihn dabei mit dem Handtarget oder in diesem Fall auch mit Futter so, dass er (aus seiner Sicht) einen Schritt nach rechts macht, wobei die Kopf-Rücken-Linie gerade bleibt. Anfangs kann das Bewegen der Vorder- und Hinterbeine gern kurz nacheinander erfolgen, letztendlich sollten die Beine jedoch nahezu gleichzeitig im Takt gesetzt werden, also zuerst das linke Beinpaar und dann das rechte oder umgekehrt. Nur dann ist es eine kom-

Ein längliches Target als Orientierung für die Vorderbeine hilft, den Hund zum aktiveren Seitwärtstreten mit den Hinterbeinen zu animieren. (Foto: Archiv Rumpf)

plette Querverschiebung. Viele Hunde machen die Bewegung zunächst nur mit den Vorderbeinen. In dem Fall kannst du anfangs den Kopf etwas gegen die Bewegungsrichtung führen. Das hat meistens zur Folge, dass der Hund die Hinterbeine seitlich setzt. Diese Bewegung fängst du mit dem Markersignal ein und belohnst sie. Vergiss nicht, die Drehung im Hals wieder abzubauen.

Klappt das Seitwärtstreten über eine Stange sicher und flüssig in beide Richtungen, kannst du den Schwierigkeitsgrad steigern, bis du bei vier oder sogar bei bis zu acht Stangen angekommen bist. Sehr wahrscheinlich wirst du beim Training feststellen, dass dein Hund eine klare Lieblingsrichtung hat. Übe aber unbedingt auch das Seitwärtstreten in die Richtung, die ihm nicht so leichtfällt. Die seitliche Querverschiebung fördert die Links-rechts-Koordination und öffnet die Schultern und die Hüften. Zudem wird die Oberschenkelmuskulatur trainiert. Die Übung eignet sich für Hunde mit schmalem Brustkorb und/oder eng stehenden Vorderbeinen als Dehnungsübung.

Hier noch einige Trainingstipps:

- Wenn es in der Frontposition nicht klappt, kannst du zunächst neben deinem Hund seitwärts über die Stangen treten.
- Bei einem kleineren Hund ist es oft günstig, wenn du vor ihm kniest oder sitzt. Ein Targetstick zum Führen kann sinnvoll sein.
- Als Orientierung für den Hund kann zudem ein längliches Target wie ein Balancebalken dienen. Wenn er darauf mit den Vorderbeinen steht, wird er schneller auch ein aktives Seitwärtstreten mit den Hinterbeinen anbieten. Das Target darf nicht zu schmal sein, damit der Hund sicheren Halt findet. Denke daran, dass du den Hund nicht dauerhaft mit Futter in der Hand „fixieren" solltest, weil er so die Stangen nicht mehr gut wahrnehmen würde.

Eine weitere Form des Seitwärtstretens ist es, wenn dein Hund mit der Vorhand voran seitlich über die Stangen tritt und die Hinterhand (ebenfalls seitlich) kurz darauf folgt. Es handelt sich dann allerdings nicht um eine komplette Querverschiebung. In diesem Fall solltest du darauf achten, dass dein Hund die Bewegung flüssig ausführt. Sein Kopf sollte unbedingt in Bewegungsrichtung zeigen und nicht gegen die Bewegungsrichtung.

Querverschiebung mit zusätzlichen Hindernissen

In die Querverschiebung kannst du nun zusätzlich Balancepads, Targets oder andere Hindernisse einbauen. Beispielsweise lässt du den Hund auf einem Balancepad starten, von dort aus tritt er seitlich auf den Boden oder einen anderen Untergrund, dann über ein Cavaletto und weiter, bis er auf einem zweiten Balancepad angelangt ist. Das Balancepad kannst du auch durch niedrige Spielekartons (Höhe an die Größe des Hundes anpassen) oder feste Sitzkissen ersetzen. Achte bei der Übung unbedingt auf eine ruhige und bewusste Ausführung. Der Hund soll nicht auf die Pads springen oder von den Pads hinunterspringen.

Für die Profis: Seitwärts von Pad zu Pad über eine Stange. (Foto: Archiv Rumpf)

Bei einem fortgeschrittenen und stabil bemuskelten Hund kannst du statt der Balancepads zusätzlich keilförmige Schrägen einbauen – hier reicht es, wenn der Hund jeweils mit dem seitlichen Beinpaar auf die Schräge tritt, mit dem er zuerst ankommt. Auf der Schräge sollte der Hund kurz verharren. Anschließend wird er erneut über die Stange zurück zum Ausgangspunkt geführt.

Die Schräge sollte nicht zu steil sein (maximal 15 bis 20 Prozent Steigung) und der Hund sollte die Position an der Schräge etwa 5 bis 10 Sekunden ruhig halten. Durch das Verharren an der Schräge und das seitliche Übersteigen des Cavaletto mobilisiert der Hund seine Oberschenkelmuskulatur, seine Hüften und seine Schultern.

Wichtig!

Lass deinen Hund vor dem Start mit jeglichen Balanceübungen vom Tierarzt oder Physiotherapeuten checken und hol dir dessen Okay ein. Lege immer Wert auf ein ruhiges Ausführen der Übungen und sei dir bewusst, dass sie für deinen Hund anstrengend sein können. Achte deshalb sehr genau auf Anzeichen dafür, dass ihm das Training zu viel wird.

Rückwärts über Stangen

Voraussetzung für das Rückwärtsübersteigen von Cavaletti ist, dass der Hund das Signal „Zurück" bereits kennt. Idealerweise hast du es ihm mithilfe eines Hinterhandtargets beigebracht, sodass er gelernt hat, seine Hinterbeine beim Zurücktreten aktiv zu heben, um das Target zu erreichen, anstatt das Becken in die falsche Richtung zu kippen und die Hinterbeine über den Boden zu ziehen. Letzteres machen Hunde häufig dann, wenn sie das „Zurück" durch Bedrängen von vorn gelernt haben.

Das Rückwärtsübersteigen eines Hindernisses solltest du zunächst mit einer gegen Wegrollen gesicherten Bodenstange üben. Du kannst auch ein Vierkantholz verwenden. Ziel ist, dass der Hund mit allen vier Pfoten vor der Stange startet, über die Stange zurücktritt und die Übung beendet ist, wenn sich schließlich die Vorderpfoten hinter der Stange befinden. Schafft dein Hund das flüssig, können eine oder auch mehrere Stangen hinzugenommen werden – zunächst in größerem Abstand als eine normale Schrittlänge. Damit dein Hund die Cavaletti physiologisch korrekt überwinden kann, musst du sicherstellen, dass er während des Rückwärtstretens nicht nach oben schaut und ins Hohlkreuz kommt. Außerdem solltest du ihn auf keinen Fall mit einem Leckerli oder mit der Hand rückwärts über die Stange(n) „schieben". Auch das ist eine Art von Bedrängen und würde dazu führen, dass der Hund die Hinterbeine nicht durch Öffnen der Hüfte anhebt und nach hinten setzt, sondern das Becken nach hinten abkippt und die Hinterpfoten schlurfend über den Boden zieht.

Der Hund sollte beim Rückwärtstreten die Hüfte öffnen und die Hinterbeine aktiv nach hinten anheben. Ein Hinterhandtarget bietet Orientierung. (Foto: Archiv Rumpf)

Elefantentrick

Die Basisübung, das Drehen mit der Vorderhand oder mit der Hinterhand um eine erhöhte Plattform, ist ebenfalls in meinem ersten Buch über das Cavalettitraining kurz beschrieben und sollte dem Hund bereits bekannt sein. Wichtig sind dabei zwei Punkte: Der Hund sollte das Beinpaar auf dem Podest nicht auf der Stelle stehen lassen und „verdrehen“, sondern auch dieses in kleinen Schritten bewegen. Die das Podest umlaufenden Beine sollten aktiv aus der Schulter/Hüfte angehoben werden und sich weder springend noch schlurfend bewegen. Wenn das klappt, kannst du beginnen, Hindernisse wie Cavaletti einzubauen. Alle Hindernisse müssen unbedingt rutschfest sein und/oder gut fixiert werden, damit der Hund sie als sichere An- oder Überlaufstationen einschätzen und nutzen kann. Hindernisse, die wackeln oder sich verschieben, bergen Verletzungsgefahr und verunsichern den Hund. Achte auch bei dieser Übung darauf, dass die zu übersteigenden Stangen maximal auf Höhe des Karpalgelenks deines Hundes liegen.

Der Elefantentrick lässt sich auf verschiedenste Weisen variieren. Hier sind einige Ideen: Zum einen kannst du unterschiedliche

Tipp: So baust du dir ein sicheres Podest

Verwende eine größere und stabile Plastikschüssel aus dem Haushaltsbedarf in der für deinen Hund passenden Höhe. Stich nun mit einem Messer oder einer spitzen Schere in gleichmäßigen Abständen vier Löcher in die Seitenwand der Schüssel. Erweitere diese Löcher, indem du eine größere Schere durchsteckst und diese drehst. Vergrößere die Löcher (zum Beispiel mithilfe einer Gartenschere) so lange, bis ihr Durchmesser dem deiner Stangen entspricht. Damit die Stangen gut halten, sollten die Löcher allerdings nicht zu groß sein. Klebe nun auf den Boden der Schüssel (der jetzt die Standfläche für den Hund ist), einen rutschhemmenden Belag. Achte außerdem darauf, dass die Schüssel rutschfest steht und stabil genug ist, um das Gewicht deines Hundes zu tragen.

Für diese Variante des Elefantentricks muss der Hund schon über eine sehr gute Hinterhandkoordination verfügen. (Foto: Archiv Rumpf)

Plattformen verwenden, beispielsweise eine bewegliche Plattform wie ein luftgefülltes Wackelkissen statt einer festen. Die Plattform sollte jedoch nie höher sein als die Sprunggelenke deines Hundes, damit er nicht dazu verleitet wird, den Rücken wegzudrücken. Ideal ist eine runde Plattform, weil der Hund ihre Abmessungen besser einschätzen kann. Zum anderen kannst du verschiedene und auch unterschiedlich viele Hindernisse verwenden: gerade liegende Cavaletti, innen (zur Plattform hin) erhöhte Cavaletti, außen (von der Plattform entfernt) erhöhte Cavaletti kombiniert mit Balancepads, Wackelkissen, strukturierten Untergründen und vielem mehr. Arbeite im Training immer vom Leichten zum Schweren. Beginne also erst mal mit einer Stange und steigere den Schwierigkeitsgrad allmählich.

Acht an einem Cavaletto

Die Acht kann an einem Cavaletto, aber auch an einem Schwebebalken oder einem Vierkantholz geübt werden. Letzteres eignet sich besonders für Hunde, die noch nicht sehr geübt darin sind, die Pfoten auf einer gebogenen Linie zu heben. Anders als bei der herkömmlichen Führweise, bei der der Hund immer zum Hundeführer hinarbeitet, üben wir jetzt das flüssige Überlaufen mit einer Außendrehung, also weg vom Hundeführer. Hierzu startest du mittig vor dem Cavaletto. Dein Hund befindet sich links neben dir. Nun führst du ihn zunächst außen um die linke Pylone, dann über die Stange auf dich zu in Richtung deiner rechten Körperseite und von dort aus, ohne dass er sich zu dir umdreht, direkt flüssig um die rechte Pylone herum wieder über die Stange auf dich zu, sodass er sich erneut links von dir befindet. Du selbst bleibst bei all dem auf einer Position bzw. pendelst jeweils nur ein kleines Stück nach rechts und links.

Es ist hilfreich, wenn du deinem Hund den Weg zunächst auf seiner Augenhöhe mit beiden Armen anzeigst, etwa so, als würdest du einen Golfschläger halten. Ausnahmsweise kannst du auch Leckerchen in die Hand nehmen, um dem Hund den Weg besser erklären zu können. Viele Hunde „kreiseln" sonst um die eigene Körperachse, weil sie es nicht gewohnt sind, den Kopf vom Hundeführer weg nach außen zu drehen und den Körper dann auch folgen zu lassen. Kennt der Hund den Ablauf, kannst du auf dem Weg zusätzliche Hindernisse einbauen, beispielsweise in der Laufrichtung weitere Cavaletti oder auch Balance- und/oder taktile Hindernisse platzieren.

ABBILDUNG 1

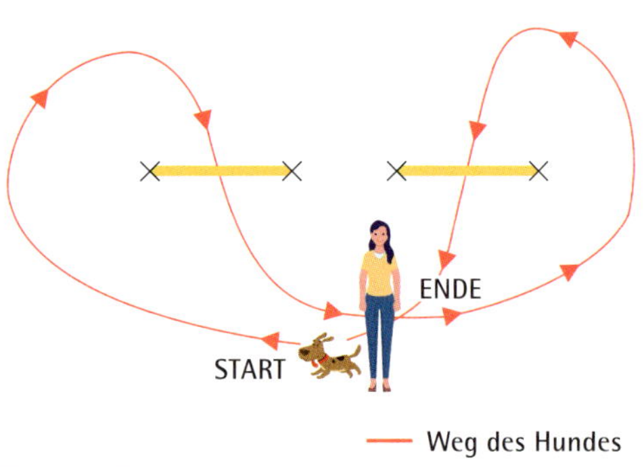

Die Herausforderung bei der Acht ist, dass du den Hund nach außen von dir weg schickst.

Cavaletti und Wippen

Wenn dein Hund mit einer kleinen Wippe vertraut ist (etwa doppelt so breit wie der Hund und etwas länger als eine Hundelänge mit einer Kippachse von 2 bis 3 Zentimetern), kannst du diese in einer Cavalettistrecke unter ein oder zwei Stangen einbauen. Die Stangen sollten hierbei so hoch liegen, dass die nach oben ausschlagende Seite der Wippe sie nicht zum Hinunterfallen bringt. Um deinem Hund den Einstieg zu erleichtern, kannst du die Wippe anfangs ein wenig „entschärfen", indem du den Ausschlag durch Unterlegen eines Balancepads oder eines anderen geeigneten Gegenstands ganz oder teilweise abbremst. Wichtig ist, dass du die Wippe immer explizit benennst/ansagst, damit dein Hund nicht erschrickt, wenn der Untergrund sich plötzlich bewegt.

Das Wippen sollte einzeln geübt werden, bevor dieses Hindernis in eine Cavalettistrecke eingebaut werden kann. (Foto: Archiv Rumpf)

(Foto: Archiv Rumpf)

BALANCIER- UND GLEICHGEWICHTSÜBUNGEN

Die nun folgenden Übungen werden das Körpergefühl deines Hundes entscheidend verbessern. Er lernt, sein Gewicht gezielt auf bestimmte Pfoten zu verlagern, und er übt auch, die Balance auf unterschiedlichen Untergründen zu halten und dabei Cavaletti zu überlaufen.

Gewichtsverlagerung

Der Aufbau für diese Übung sieht wie folgt aus: Du stellst ein für den Hund gut erkennbares Podest auf, das etwa Karpalgelenkshöhe oder etwas mehr haben sollte. Im Abstand von circa einem Drittel der Rückenlänge des Hundes platzierst du ein einzelnes Cavaletto (maximal Sprunggelenkshöhe) und auf der anderen Seite der Stange stellst du im selben Abstand ein weiteres Podest auf. Anschließend führst du deinen Hund vom ersten Podest aus mit der Vorderhand über die Stange auf das zweite Podest. Die Hinterhand bleibt auf dem ersten Podest stehen. Achte darauf, dass der Hund mit geraden Beinen stehen kann. Sind die Beine nach vorn/hinten herausgestellt, ist der Abstand zu groß. Stehen die Beine v-förmig und dein Hund wölbt seinen Rücken, ist der Abstand zu gering.

Geübt werden soll jetzt das Verlagern des Gewichts von der Vor- auf die Hinterhand, ohne die Pfoten zu bewegen. Die Podeste verhindern, dass der Hund vor- und zurückläuft. Diese Übung spricht die Rücken-, Bauch- und Halsmuskulatur an. Zudem verbessert sie die Körperwahrnehmung. Der Hund sollte das Handtarget kennen.

Fordere deinen Hund für die Gewichtsverlagerung nach vorn auf, mit seiner Nase deiner Hand nach vorn zu folgen, zunächst nur wenige Zentimeter, mit der Zeit auch mehr. Idealerweise sollte er diese Position eine Weile halten. (Steigere die Dauer nach und nach bis auf 10 Sekunden.) Das Markersignal sollte in dieser gedehnten Position erfolgen, gefüttert wird in der entspannten Ausgangsposition. Für die Gewichtsverlagerung nach hinten hältst du das Handtarget leicht in Richtung Brust deines Hundes, sodass er den Rücken etwas aufwölben muss, um es zu berühren. Wieder erfolgt das Markersignal noch während der Gewichtsverlagerung. Gefüttert wird in der neutralen Position. Ziel ist hierbei nicht, dass der Hund die Bewegung ausschließlich über den Rücken abfängt, sondern dass er lernt, sein Gewicht durch vermehrtes Abwinkeln der Hüft-, Knie- und Sprunggelenke nach hinten zu verlagern. Drei bis fünf Wiederholungen pro Trainingssequenz sind ausreichend. Die Stange in der Mitte dient bei dieser Übung lediglich als Orientierung für den Hund und soll verhindern, dass er sich hinlegt oder hinsetzt.

Für fortgeschrittene Hunde kannst du das Verlassen des Podests in die Übung einbauen. Der Hund verlässt also bei der Drehung nach vorn auf Signal mit der Hinterhand das Podest, ohne jedoch einen Schritt über die Stange zu machen. Bei der Gegenbewegung soll er die Hinterbeine wieder rückwärts auf das Podest setzen, zunächst nur das Gewicht nach hinten verlagern und dann, wieder auf Signal, mit den Vorderbeinen rückwärts vom Podest hinuntertreten. Anschließend geht es mit den Vorderbeinen erneut aufs Podest in die Dehnung und der Ablauf kann von vorn beginnen.

Bewusstes Setzen der Vorderbeine

Baue ein Cavaletto in Sprunggelenkshöhe auf, führe den Hund frontal an die Stange heran und animiere ihn, mit einem Vorderbein über die Stange zu steigen. Hierfür kannst du anfangs das Handtarget verwenden oder auch die Aufforderung zum Pfotegeben, sofern dein Hund diese Übung kennt. Belohnt wird zunächst direkt das Berühren des Bodens mit der ersten Pfote. Ziel ist, dass der Hund die Position eine Weile hält und dann mit demselben Bein wieder über die Stange zurücktritt. Hat der Hund das Vor- und Zurücktreten mit dem einen Vorderbein verstanden, übst du denselben Ablauf mit dem anderen Vorderbein. Wichtig ist dabei, dass der Hund die Position immer so lange hält, bis du ihn freigibst und zurücktreten lässt. Er sollte auf keinen Fall hektisch werden oder die Bewegung vorwegnehmen.

Wenn das Vor- und Zurücktreten über ein Cavaletto mit beiden Vorderbeinen sicher funktioniert, kannst du ein zweites hinzunehmen. Platziere es im etwas engeren Schrittabstand hinter dem ersten. Dein Hund soll nun mit dem linken Vorderbein über die erste Stange steigen, dann mit dem rechten Vorderbein ebenfalls über die erste Stange und anschließend mit dem linken Vorderbein über die zweite Stange. Nun soll er das linke Vorderbein wieder zurück über die zweite Stange setzen, das rechte Vorderbein zurück über die erste Stange und schließlich auch das linke zurück über die erste Stange, sodass er sich wieder in der Ausgangsposition befindet. Übe den gleichen Ablauf auch beginnend mit dem rechten Vorderbein. Mit der Zeit kannst du den Abstand zwischen den beiden Stangen erweitern, um zusätzlich eine Dehnung der Schulter zu erreichen.

Erkläre deinem Hund als Variante der Übung auch einmal folgende Bewegung: Er soll zunächst beide Vorderpfoten über eine Stange setzen und dann ruhig stehen. Anschließend soll er beide Vorderpfoten zugleich wieder hinter die Stange setzen. Er

Gezielt nur ein Vorderbein über die Stange setzen und die Position halten lautet hier die Aufgabe. (Foto: Archiv Rumpf)

muss dazu eine Art Hüpfer machen. Dabei wird die Hinterhandmuskulatur trainiert, weil der Hund, um die Vorderbeine gleichzeitig zu heben, die Gelenke der Hinterhand winkeln und dort Last aufnehmen muss. Trainiere diesen Ablauf nicht in der gleichen Trainingssequenz wie die zuvor beschriebenen Abläufe, um deinen Hund nicht zu verwirren.

Bewusstes Setzen der Hinterbeine

Wenn dein Hund die Aufgabe mit dem Vor- und Zurücktreten der Vorderbeine verstanden hat, kannst du das bewusste Setzen der Hinterbeine über eine und später über zwei Stangen genauso aufbauen. Hierfür startest du mit der Rückwärtsbewegung; dem Hund sollte das Rückwärtstreten auf ein Hinterhandtarget also bereits bekannt sein. Nun platzierst du das Target hinter dem Cavaletto. Dein Hund sollte in der Anfangsposition mit dem gesamten Körper senkrecht vor dem Cavaletto stehen. Fordere ihn nun auf, rückwärts auf das Target zu gehen. Diesmal belohnst du ihn aber schon mit dem Markersignal, wenn er die erste Pfote über die Stange gesetzt hat, und fütterst ihn in dieser Position. Im Anschluss forderst du ihn auf, mit dem Bein wieder nach vorn zu treten. Du kannst dafür das Handtarget nutzen. Wenn das Vor- und Zurücktreten mit einem Hinterbein gut klappt, versuchst du als Nächstes ihn zu animieren, das andere Bein für den ersten Rückwärtsschritt zu nutzen. Klappt das nicht, hilft es möglicherweise, den Hund ein Stück weiter vor der Stange zu platzieren, sodass er mit dem Bein, das er von sich aus zuerst zurücksetzt, noch nicht über die Stange tritt, sondern das zweite, jetzt gewünschte Bein den Schritt über die Stange macht. Mit der Zeit kannst du unterschiedliche Signale für das Setzen der Hinterbeine einführen.

Auch die Hinterbeine sollte der Hund bewusst einzeln setzen können. (Foto: Archiv Rumpf)

Achte unbedingt darauf, dass dein Hund die Übung ruhig ausführt und seine Hüfte beim Zurücktreten öffnet, statt das Becken nach unten abzukippen. Auch bei dieser Übung kannst du später, wie bei den Vorderbeinen, ein zweites Cavaletto hinzunehmen sowie den Abstand zwischen den beiden Cavaletti und die Stangenhöhe variieren.

Cavaletti auf unterschiedlich hohen Untergründen

Wenn dein Hund bereits mit normalen Cavalettistrecken im Schritt und Trab vertraut ist, kannst du beginnen, in Strecken mit sechs bis acht Stangen zusätzlich Höhenunterschiede im Untergrund einzubauen. Das erfordert von deinem Hund noch mehr Aufmerksamkeit und verbessert seine Koordination. Geeignet sind hier beispielsweise treppenförmig angeordnete Balancepads, große Balancekissen, Schrägen und flache Wippbretter (siehe hierzu auch den Abschnitt „Cavaletti und Wippen" im vorigen Kapitel). Werde ruhig ein bisschen kreativ, dann findest du sicher noch viele weitere Dinge, die sich als Untergrund verwenden lassen. Selbstverständlich muss dein Hund sämtliche beweglichen und unbeweglichen Untergründe zunächst ohne Cavaletti kennenlernen. Baue sie erst in euer Training ein, wenn er sich darauf sicher fühlt.

Eine interessante Herausforderung: verschiedene Untergründe in unterschiedlichen Höhen. (Foto: Archiv Rumpf)

Der Boden ist Lava

Für diese relativ komplexe Koordinationsübung sollte dein Hund bereits gelernt haben, alle vier Pfoten einzeln auf vier Physio-Igeln zu positionieren. Wenn das sicher funktioniert, kannst du mehrere Physio-Igel oder alternativ auch etwas höhere kleine Targets in verschieden großen Abständen als „Trittsteine" platzieren und den Hund darüberführen. Ziel ist, dass der Hund sich eigenständig einen Weg sucht und nur auf die Igel/Targets tritt, nicht auf den Boden.

Anfangs legst du die Igel mit relativ wenig Abstand aus und später durchaus so, dass der Hund sich etwas bemühen und die Schritte bewusst setzen muss. Belohne ihn für diese schwierige Übung großzügig und nutze idealerweise ein Markersignal.

Wenn dein Hund die Strecke gut bewältigen kann, nimmst du einige Cavaletti (Anzahl entsprechend der Streckenlänge) hinzu. Du kannst die Stangen unterschiedlich hoch und auch in variablen Abständen legen, passend zu den nun zwischen den Stangen angeordneten Physio-Igeln. Der Hund muss sich auf die Igel und die Stangen konzentrieren. Diese Aufgabe ist sehr schwierig, übe daher nur wenige Durchgänge und achte darauf, dass die Abstände für den Hund machbar sind, damit er nicht in Stress gerät. Falls du feststellst, dass er große Schwierigkeiten bei der Ausführung hat, gestalte die Aufgabe wieder einfacher, um ihm ein Erfolgserlebnis zu ermöglichen. Du kannst zum Beispiel statt der Igel etwas größere Targets nutzen.

Achte bei allen Übungen darauf, dass die Igel/Targets nicht wegrutschen können. Übe

Für Koordinationskünstler: auf Igelbällen über die Cavaletti. (Foto: Archiv Rumpf)

also entweder im Gras oder auf einer rutschfesten Unterlage. Im Sommer ist auch ein flaches Wasserbecken oder eine gewässerte Folie eine Option. Dein Hund sollte immer konzentriert und ruhig, möglichst im Schritt, arbeiten.

Balance und enge Wendungen

Stelle hierfür ein Cavaletto in Sprunggelenkshöhe auf und wähle als Halterungen möglichst zwei hohe Pylonen. Lege nun vor und hinter die Stange je ein größeres Balancekissen, idealerweise sollte der Hund vollständig und gerade darauf stehen können. Nun führst du den Hund gerade über die Stange auf dich zu, sodass er vom ersten Podest zunächst einen Schritt auf den Boden macht, anschließend die Pfote über die Stange hebt, auf dem Boden absetzt und danach direkt auf das zweite Podest steigt (wähle die Abstände zwischen Kissen und Stangen entsprechend). Von dort aus geht es dann flüssig in einer engen Wendung um eine Pylone und erneut auf das Ausgangspodest. Dort soll dein Hund ein gerades Platz zeigen, dann ein ruhiges Steh und daraus geht es noch einmal wie beschrieben über die Stange, nur dass die Wendung jetzt um die Pylone auf der anderen Seite erfolgt.

Diese Übung beinhaltet eine seitliche Dehnung des gesamten Rippenbogens. Der Wechsel zwischen Rechts- und Linkswendung sowie zwischen unterschiedlich hohen Untergründen schult die Aufmerksamkeit und Körperwahrnehmung des Hundes. Da die Wendung um die Pylone bereits eingeleitet wird, wenn der Hund mit der Hinterhand noch nicht ganz über die Stange gestiegen ist, werden insbesondere die einzelnen Hinterbeine bewusster gesetzt. Außerdem hat der Wechsel zwischen Platz und Steh einen Kniebeugeneffekt.

Balancieren über Cavaletti

Die Kombination aus einem Balancebalken und aus Cavaletti ist eine anspruchsvolle Übung. Ich verwende hierfür Trainingsschwebebalken für Kinder oder Balancebalken aus dem Physiotherapiebedarf. Auch ein

Hohe Pylonen als Stangenhalterungen bilden eine Gasse, die dem Hund Orientierung bietet. (Foto: Archiv Rumpf)

entsprechend breites Vierkantholz eignet sich. Wichtig ist, dass die Lauffläche insgesamt stabil und rutschfest ist. Beklebe sie gegebenenfalls mit Antirutsch-Klebestreifen. Wie breit du den Balken wählen solltest, hängt von der Geschicklichkeit deines Hundes und von dessen Größe ab. Zudem kommt es auf die Breite des Brustkorbs an. Je breiter dieser ist, desto weiter stehen die Beine auseinander und desto schwerer fällt dem Hund das Balancieren. Für die gleiche koordinative Leistung braucht ein Rottweiler deutlich mehr Fläche als ein Chihuahua.

Übe zunächst das Balancieren ohne Stangen, bis dein Hund es sicher beherrscht. Wie beim Erlernen des Fahrradfahrens gilt auch beim Balancieren, dass es in einem schnellen Tempo einfacher ist als in einem langsamen. Lass deinen Hund also anfangs ruhig etwas flotter gehen, gern auch traben. Die Strecke sollte mindestens doppelt so lang sein wie der Hund, damit dieser die Chance hat, sein Gleichgewicht zu finden. Führe deinen Hund keinesfalls mithilfe von Leckerli, denn das würde ihn aus der Balance bringen. Anfangs kannst du eventuell Ende des Balkens auf dem Boden ein einzelnes Leckerli platzieren. Das trägt dazu bei, dass der Hund den Kopf gerade hält. Noch besser eignet sich ein an dieser Stelle positionierter Futterautomat, den du gezielt auslösen kannst (siehe Kasten). So vermeidest du, dass dein Hund sich das Futter auch dann stibitzt, wenn er die Übung nicht richtig ausgeführt hat. Manchen Hunden hilft es, wenn sie zunächst zwischen den Beinen des Hundeführers balancieren oder hohe Pylonen ihnen eine optische seitliche Begrenzung bieten. Belohne zunächst jeden Versuch und erwarte nicht, dass dein Hund die ganze Strecke auf Anhieb bewältigt.

Futterautomaten als Trainingshilfe

Futterautomaten wie der „Treat & Train" von PetSafe oder der „Dog Activity Memory Trainer" von Trixie sind externe Futterstellen, die sich mit einer Fernbedienung steuern lassen. Man kann sie als Ziel an den Endpunkt einer bestimmten Aufgabe stellen. Vorteil ist, dass der Hund lernt, vom Hundeführer weg (in Richtung des Automaten) zu arbeiten, und das Futter nicht grundsätzlich in der Hand des Hundeführers erwartet. Sein Blick bleibt dann idealerweise nach vorn ausgerichtet. Dank der Fernbedienung ist zudem gewährleistet, dass der Hund nur dann an die Belohnung kommt, wenn er sie sich durch das richtige Ausführen der Übung verdient hat.

Futterautomaten sind tolle Hilfsmittel für die Arbeit auf Distanz und um ein Hoch- oder Zurückschauen zum Hundeführer zu vermeiden. Um sie wieder abzubauen, solltest du deinem Hund mit der Zeit entsprechende Signale wie „Fokus" für das Nach-vorn-Schauen und „Voraus" für das Arbeiten weg von dir beibringen.

Schafft der Hund die Balancestrecke, kannst du zunächst einzelne Stangen über dem Balken aufbauen. Später darf es dann eine kleine Strecke aus Cavaletti in Abständen für Trab sein, und wenn dein Hund schon geübt ist, kannst du es mit Cavaletti für Schritt versuchen. Wenn du hohe Pylonen und kurze Stangen verwendest, ergibt sich eine Art Gasse, die dem Hund beim Weg über den Balken zusätzliche Führung gibt.

Achtung, Unfallgefahr! Hohe Balanciergegenstände müssen unbedingt gegen Wegrollen gesichert sein. (Foto: Archiv Rumpf)

Um den Schwierigkeitsgrad zu steigern, kannst du nach einiger Zeit einen schmaleren Balancebalken verwenden oder mehrere Balken aneinanderreihen. Denkbar sind auch Winkel oder eine Zickzackstrecke.

Cavaletti und hohe Balanciergegenstände

Wenn dein Hund einen gesunden Bewegungsapparat hat und nicht zu groß und schwer ist, kannst du zusätzlich zu den verschiedenen Untergründen auch erhöhte Balancierstrecken einbauen. Hierzu sollte der Hund bereits mit Gymnastikbällen, Peanutbällen und Ähnlichem vertraut sein. Außerdem sollte er ohne Angst auf Erhöhungen springen, über diese laufen und wieder hinunterspringen. Wenn diese Voraussetzungen erfüllt sind, kannst du mehrere Gymnastikbälle, Peanuts oder auch FITbones™ mithilfe von Ständern in einer Reihe fixieren und den Hund langsam, gern zunächst an einer Leine am Geschirr gesichert, darüberführen. Die Balanciergegenstände müssen unbedingt rutschfest sein und ein Wegrollen muss ausgeschlossen werden. Außerdem sollten sie relativ fest aufgepumpt sein, damit der Hund nicht zu tief einsinkt.

Wenn dein Hund problemlos über die sehr wackelige Strecke läuft, kannst du darüber Cavalettistangen auf entsprechend hohen Auflagen wie Sprungständern platzieren. Für den Hund ist es einfacher, wenn die Stangen weiter auseinanderliegen als in üblichen Schrittabständen. Sie sollten auch eher tief angebracht sein. Achte aber darauf, dass sie

In die Arbeit mit hohen Balanciergegenstände lassen sich zusätzlich Höhenunterschiede einbauen. (Foto: Archiv Rumpf)

nicht allein durch die Bewegung der darunterliegenden Geräte hinunterfallen können. Bei diesem Aufbau ist es sehr wichtig, dass der Hund sich langsam und bewusst bewegt. Baue zwischendurch Stopps ein und lass deinen Hund im Stehen sein Gewicht nach vorn und hinten verlagern.

Hier noch eine Idee für sehr fortgeschrittene Hunde mit ausgesprochen guter Balance und Koordination: Lass deinen Hund auf einem Gymnastikball mit einem quer darüber aufgebauten Cavaletto eine langsame ganze Drehung ausführen. Wichtig ist, dass er alle vier Pfoten ganz bewusst setzt und die Hinterhand nicht nur „herumschleudert". Übe die Drehung immer in beide Richtungen. Du kannst das Handtarget nutzen, um dem Hund zu erklären, dass er sich langsam und Schritt für Schritt drehen soll. Selbstverständlich musst du den Ablauf zuvor am Boden und später auf einem erhöhten Target so lange üben, bis dein Hund ihn sicher verstanden hat. Erst dann geht es auf den Ball.

Cavaletti im Bällebad

Eine weitere Herausforderung für fortgeschrittene Hunde ist das Überlaufen von Cavaletti, die über einem stark ablenkenden und schwer einzuschätzenden Untergrund aufgebaut sind. Hierfür eignen sich die Bällchen aus einem Bällebad, aber auch leere PVC-Flaschen oder zusammengeknüllte Zeitungsseiten. Beginne mit wenigen Gegenständen und steigere die Anzahl allmählich. Mische ruhig auch verschiedene Objekte – kann dein Hund sich trotzdem auf die Aufgabe „Überlaufen der Cavaletti“ konzentrieren?

Achtung: Der „Bodenbelag“ darf nie so hoch sein, dass der Hund zu tief einsinkt und beim Laufen keinen sicheren Halt mehr findet.

Hier ist Konzentration gefragt. (Foto: Archiv Rumpf)

(Foto: Archiv Rumpf)

NEUE ÜBUNGEN FÜR MEHR PLATZ

Jetzt geht es raus in den Garten, auf eine Wiese oder auf den Hundeplatz, denn die folgenden Übungen sind ein wenig großzügiger angelegt. Für die meisten benötigst du auch etwas mehr Material.

Fächer

Als Fächer bezeichnet man im Halbkreis gelegte Stangen, die zur Mitte hin enger liegen und in der Regel an der Außenseite erhöht sind. Geführt wird der Fächer immer von innen, also so, dass du den kürzeren Weg hast und der Hund um dich herum den Halbkreis überläuft. In einen Parcours kann der Fächer als Richtungswechsel eingebaut werden.

Bei dieser Übung musst du deinen Hund mit einer präzisen Körpersprache unterstützen, weil es sonst leicht passieren kann, dass er geradeaus läuft und den Fächer verlässt. Das liegt daran, dass er aus seinem Blickwinkel nicht, wie du von oben, den Überblick über die gesamte Figur hat. Achte also darauf, dass du deine Füße, Knie, Hüfte und Schultern in die richtige Richtung drehst, um deinem Hund den Weg zu zeigen.

Der Fächer kann mit dem gleichen Aufbau im Schritt (weiter in der Mitte, wo die Stangen enger liegen) und im Trab (weiter außen, wo die Abstände weiter sind) überlaufen werden. Auch verschiedene Hunde können daran arbeiten, ohne dass er umgebaut werden muss: Größere Hunde laufen weiter außen, kleinere weiter innen. Übe den Fächer immer in beide Richtungen.

S-Kurve

Die S-Kurve besteht im Grund aus zwei aneinandergereihten Fächern, wobei der erste Bogen in die eine Richtung und der zweite Bogen in die andere Richtung offen ist. Als Vorübung sollte dein Hund bereits Geraden im Schritt und Trab sowie den Fächer (von rechts und von links geführt) kennen. Die S-Kurve fördert die Zusammenarbeit mit dem Hundeführer. Dein Hund muss besonders aufmerksam auf deine Körpersprache achten. Außerdem werden seine beiden Körperseiten gedehnt. Da die Bogen des S in unterschiedliche Richtungen verlaufen, muss der Hund sich gleichzeitig auf die Stangen konzentrieren und auf dich achten. Beim Innenbogen dreht sich der Hund wie beim Fächer mit dir mit. Beim Außenbogen musst du ihn allerdings von dir weglenken, was meistens schwieriger ist als das Mitziehen. Trainiere die S-Kurve immer auf beiden Seiten, sodass dein Hund mal rechts und mal links von dir läuft.

Die Arbeit in der S-Kurve fördert die Propriozeption (das Gefühl für den eigenen Körper im Raum) und das Gleichgewichtssystem. Zudem mobilisiert sie alle Gelenke der Vor- und Hinterhand des Hundes und trainiert dadurch:

- Balance
- Rhythmus innerhalb der Gangarten
- Geschicklichkeit
- Schwung

In der üblichen Variante liegen die Stangen der S-Kurve schräg, auf der Innenseite der jeweiligen Kurve am Boden und außen erhöht. (Foto: Archiv Rumpf)

- Generalisierungsfähigkeit
- Differenzierungsfähigkeit (Genauigkeit und Feinabstimmung innerhalb eines Bewegungsablaufs)
- Kopplungsfähigkeit (die Verbindung von mehreren Bewegungsmustern des Körpers wie denen von Rumpf, Beinen und Kopf zu einer aufeinander abgestimmten Handlung)

Wie der Fächer lässt sich auch die S-Kurve für Schritt und für Trab nutzen, abhängig von der geführten Linie. Je nach verwendeter Stangenanzahl kann die Größe variieren. Die Stangen liegen in der häufigsten Variante schräg, auf der Innenseite der jeweiligen Kurve am Boden und außen auf einer Auflage. Da die Ausrichtung durch die S-Kurve wechselt, ist es für den Hund zunächst schwierig, die Höhe einzuschätzen. Anfangs kannst du die Stangen komplett auf den Boden legen. Für fortgeschrittene Hunde sind diverse Varianten möglich, etwa beidseits moderat erhöht liegende Stangen, nur innen erhöhte Stangen oder ein Aufbau, bei dem die Stangen abwechselnd innen und außen erhöht liegen.

Die S-Kurve spricht stark die koordinativen Fähigkeiten des Hundes an. Durch die unterschiedlichen Abstände der Stangen kann man, wie auch beim Fächer, sehr gut kleinere und größere Hunde über denselben Aufbau führen. Der Hund muss sich darauf konzentrieren, seine Spur zu halten, auf der die Stangen den für ihn passenden Abstand haben. Anspruchsvoll ist auch, dass die Vorderhand mitunter eine andere Bewegungsrichtung hat als die Hinterhand.

RICHTIG FÜHREN IN DER S-KURVE

Beim Mitziehen drehst du den Körper (Schultern, Füße, Knie) in die Bewegungsrichtung des Hundes, ab der Mitte ist es dann hilfreich, die äußere Schulter und den äußeren (also den vom Hund abgewandten) Arm nach vorn zu drehen und den Hund so von dir wegzuführen. Drehe unbedingt auch deine Füße und Knie mit in die neue Bewegungsrichtung und bewege dich gleichmäßig und schnell genug weiter, um mit deinem Hund mitzuhalten. Pass auf, dass du deinem Hund nicht nachrennen musst, denn das würde ihn zu stark von dir weg und nach vorn „schieben“. Vergiss nicht, dass dein Hund dich immer im Blick hat, deine Körpersprache sollte also durchgehend eindeutig sein. Bedenke aber auch, dass nur du aus deinem Blickwinkel von oben das gesamte S erkennen kannst. Dein Hund sieht lediglich die vor ihm liegenden Stangen und geht daher erst einmal von einer Geraden aus. Du musst ihn also führen, damit er beide Bögen flüssig überlaufen kann.

Halten und Angehen zwischen den Cavaletti

Nutze eine längere Cavalettistrecke mit acht bis zwölf Stangen, die zunächst auf Pfotenhöhe und in den Abständen für Schritt liegen, um deinem Hund ein noch besseres Gefühl dafür zu vermitteln, wo seine vier Pfoten sich gerade befinden. Lass deinen Hund hier entweder auf dich zuarbeiten oder führe ihn von der Seite. Überlege dir, bevor du ihn in die

Tipps für den Einsatz der Körpersprache

Wenn du deinem Hund optimal helfen möchtest, solltest du deine Körpersprache unter anderem an seine Größe anpassen. Zwar muss beim Anzeigen der Richtung grundsätzlich der ganze Körper die gleiche Information geben, jedoch achten kleine Hunde eher auf die Ausrichtung der Füße und Knie, größere Hunde eher auf die Hüfte und gegebenenfalls auch auf Oberkörper und Schultern. Selbstverständlich sind nahezu alle Hunde daran gewöhnt, sich auch daran zu orientieren, wo unsere Arme hinzeigen. Insbesondere kleine Hunde irritiert es dennoch, wenn die Füße eine entgegengesetzte Information geben.

Falls du einen eher gemütlichen Hund hast, der dazu neigt, etwas „nachzuhängen", also tendenziell ein Stück hinter dir arbeitet, ist es wichtig, dass du besonders darauf achtest, deinen Körper in die gewünschte Bewegungsrichtung zu drehen. Vermeide, dich zu ihm zu wenden, weil du ihn so mit deinen Schultern/deiner Brust blockierst und das Hintenlaufen verstärkst.

Hast du hingegen einen hektischen Hund, ist es oft hilfreich, wenn du selbst eine übertrieben entspannte Körperhaltung einnimmst (hängende Schultern, schlurfender Gang, Bauch raus, Kopf gesenkt). So kannst du ihm vermitteln, dass gerade nichts Spannendes passiert, und ihn etwas abbremsen. Ein gezieltes Gegendrehen deines eigenen Körpers und das Führen mit der vom Hund abgewandten Hand kann ebenfalls helfen, weil du den Hund durch die zu ihm gedrehte Schulter ein wenig blockst. Auch deutliches, langes Ausatmen des Hundeführers trägt bei vielen Hunden zum ruhigeren Arbeiten bei.

Strecke hineinlaufen lässt, an welchem Punkt (an welcher Stange) er anhalten soll. Falls dein Hund dafür ein Signal kennt, nutze dieses (z. B. „Stopp", „Halt"). Kennt dein Hund kein Signal zum Anhalten, drehe ihm aus der seitlichen Führposition die von ihm abgewandte Schulter entgegen, als wolltest du die Richtung wechseln und auf ihn zulaufen. Läuft dein Hund rechts von dir, drehst du also die linke Schulter und den linken Fuß etwas in seine Richtung und hältst gegebenenfalls die Hand als Handtarget vor seine Nase, um ihn, zunächst nur kurz, zu stoppen. Führst du von vorn, machst du einen kleinen Schritt in Richtung deines auf dich zulaufenden Hundes und beugst den Oberkörper etwas nach vorn. Falls nötig, kannst du zusätzlich beide Hände vor deinem Körper ausstrecken. Dein Hund wird zunächst womöglich irritiert sein, weil er bisher gelernt hat, dass Cavalettistrecken immer komplett überlaufen werden. Sei daher insbesondere bei einem sensiblen Hund nicht zu bestimmt mit deinem Signal und/oder deiner Körpersprache, damit er sich nicht unwohl fühlt und in der Folge die Cavaletti vielleicht sogar meidet. Anfangs ist es nicht schlimm, wenn der Hund noch ein oder zwei Schritte braucht, bis er das Halten umsetzt. Wichtig ist, dass er gerade anhält und dabei nicht seitlich nach oben zu dir schaut. Lobe ihn betont ruhig mit der Stimme und füttere ihn, während er den Kopf weiter gerade hält. Falls dein Hund dazu neigt, sich zu dir umzudrehen, lege ihm ein Leckerli vor die Vorderpfoten, sodass er die Belohnung für gerades Stehen bekommt. Das gewünschte Verhalten lässt sich auch prima mit einem Markersignal einfangen. Lass deinen Hund anfangs nur kurz stehen und verlängere die Dauer mit der Zeit. Nach dem Belohnen und vor dem nächsten Signal zum Angehen darf dein Hund selbstverständlich kurz Blickkontakt zu dir aufnehmen, wie auf dem Foto zu sehen.

Die Herausforderung beim nun folgenden Angehen besteht darin, dass die Hinterbeine direkt beim ersten Schritt über die Stangen gehoben werden müssen. Je nachdem, wie der Hund angehalten und die Pfoten positioniert hat, ist das einfacher oder schwieriger. Besonders knifflig wird es, wenn eine der Pfoten kurz vor einer Stange

Idealerweise bleibt der Blick des Hundes auch beim Stopp geradeaus gerichtet. (Foto: Archiv Rumpf)

Ein energischer Vorwärtsschritt ist ein körpersprachliches Signal zum Antraben. (Foto: Archiv Rumpf)

zum Halten kam und der Hund sie dann für den nächsten Schritt in einem Bogen über die Stange setzen muss, damit diese nicht hinunterfällt.

Mit der Zeit kannst du auch bei dieser Übung die Stangen etwas erhöhen, die Höhen variieren, die Stangen abwechselnd rechts und links schräg legen oder die Abstände ein bisschen erweitern. Meistert dein Hund die Übung im Schritt problemlos, kannst du die Strecke mit Abständen für den Trab aufbauen. Beginne wieder mit eher niedrigen Cavaletti. Hier liegt der Fokus darauf, dass der Hund aus dem Trab direkt ins Halten kommt und dass der erste Schritt beim Angehen nach dem Stehen ein Trabschritt ist. Der Hund soll also keine langsamen Zwischentritte machen. Du kannst ihm hierbei sehr gut mit deiner Körpersprache helfen: Verlagere in der seitlichen Führposition zum Anhalten deinen eigenen Oberkörper etwas nach hinten und geh leicht in die Knie. Zum Antraben richtest du deinen Oberkörper wieder auf und machst mit Schwung direkt einen energischen Vorwärtsschritt. Falls dein Hund ein Signal für die verschiedenen Gangarten kennt, kannst du dieses selbstverständlich nutzen.

Achte darauf, dass dein Hund beim Halten den Schwung nicht vorwärts über die Schultern abfängt, sondern sein Körpergewicht und seinen Vorwärtsschub durch Absenken der Hüfte, Heben des Brustkorbs und Beugen der Gelenke seiner Hinterhand abfängt. Da man dies aus der direkten Nähe neben dem Hund schlecht sehen kann, nutze zum Überprüfen am besten eine Kamera und schau dir mehrere Versuche im Vergleich an.

Cavaletti auf dem Longierkreis

Wenn dein Hund mit dem Longieren vertraut und auch bereits in der Lage ist, längere Cavalettistrecken zu überwinden, kannst du einmal versuchen, einen komplett mit Cavaletti bestückten Longierkreis aufzubauen. Nutze hierfür mehrere fächerförmige Strecken mit jeweils fünf bis acht Stangen und lass dazwischen immer eine bis zwei Hundelängen frei. Nun kannst du deinen zuvor sorgfältig aufgewärmten Hund im Schritt und Trab über alle Cavaletti laufen lassen. Du kannst ihn auch nur über bestimmte Cavalettistrecken schicken und ihn andere Teilstrecken außen oder innen umlaufen lassen, oder du baust in den Strecken Tempowechsel und Stopps ein (wenn möglich auch Trab – Stopp – Trab), lässt ihn zwischen den Cavalettistrecken Positionen wie Sitz, Platz und Steh einnehmen (die Bewegungsrich-

Konzentriertes Arbeiten auf dem Longierkreis. Hier ist ein Aufbau für einen geübten Hund zu sehen. (Foto: Archiv Rumpf)

tung sollte möglichst beibehalten werden) oder schickst ihn im Slalom um die einzelnen Cavaletti. Eine alternative Option zum Kreis ist, ein Oval aufzubauen, damit sich gerade Strecken und Biegungen abwechseln.

Wenn dein Hund schon mehr Übung hat, kannst du dir Varianten überlegen, beispielsweise den Kreis komplett mit Cavaletti auslegen, eventuell mit verschiedenen Abschnitten, mal für Schritt und mal für Trab, die jedoch fließend ineinander übergehen. Am besten markierst du für dich, wo Schritt aufhört und Trab beginnt beziehungsweise umgekehrt, damit du deinem Hund mit entsprechenden Signalen helfen kannst. Eine gute Idee ist es auch, zur Erholung ein Viertel des Kreises mit Stangen in deutlich vergrößerten Abständen zu legen, bei denen der Hund Zwischentritte machen kann. Du kannst auch (fixierte) am Boden liegende Stangen einbauen.

Da die Arbeit am Longierkreis mit so vielen Stangen und unterschiedlichen Aufgaben für deinen Hund sehr anstrengend sein kann und viel Konzentration erfordert, solltest du die Einheiten zunächst kurz halten und reichlich positives Feedback geben. Steigere die Anforderungen allmählich und baue nach ein paar Runden unbedingt eine Pause und ein paar Geraden ein.

Optimale Welle

Das wellenförmige Überlaufen mehrerer Cavalettistrecken kennst du bereits aus meinem ersten Buch. Du kannst es nutzen, um

Seitenwechsel

Für das wellenförmige Überlaufen von Cavalettistrecken und auch später, wenn du einen ganzen Parcours laufen möchtest, solltest du in der Lage sein, in der Bewegung die Seite zu wechseln, sodass du deinen Hund flüssig mal von rechts und mal von links führen kannst.

Eine Möglichkeit ist der sogenannte belgische Wechsel aus dem Agility. Hier wechselt der Hundeführer vor dem Hund, wobei er sich diesem kurz zuwendet, bevor es in die neue Richtung weitergeht. Eine weitere Möglichkeit ist, dass du deinen Hund hinter deinem Rücken auf die andere Seite wechseln lässt, während du selbst weiter vorwärtsläufst. Anfangs kannst du zur Orientierung für deinen Hund auf die Außenseite des Oberschenkels klopfen, neben dem er sich nach dem Wechsel einordnen soll, und dein Wortsignal für das Laufen auf der jeweils gewünschten Seite geben.

Übe die Wechsel am besten zuerst auf dem Spaziergang oder um eine Pylone herum, bevor du sie in dein Cavalettitraining einbaust. Ungünstig ist es, den Hund vor dir wechseln zu lassen oder selbst um den Hund herumzugehen – so erhältst du keine flüssige Linienführung, was spätestens im Parcours zu Problemen führt.

verschiedene Führvarianten zu üben: Kombiniere das Voranschicken, das Von-dir-weg-Arbeiten (wie bei der Acht an einem Cavaletto) und Seitenwechsel hinter deinem Rücken oder durch Drehung vor deinem Hund. Nutze gern auch Targets und/oder Pylonen als zusätzliche Orientierungspunkte. Ziel ist, den Hund so zu führen, dass er die optimale Linie läuft, also in der Regel immer auf der „Außenbahn" um den Hundeführer.

Lange Gerade

Wenn dein Hund Geraden für Schritt und Trab mit bis zu zehn Cavaletti sicher meistert und du mit den weiteren beschriebenen Übungen seine Koordination und Kondition aufgebaut hast, kannst du seine Konzentration und Ausdauer weiter fördern, indem du gelegentlich (höchstes ein- oder zweimal pro Woche) eine sehr lange Gerade mit 50 bis 60 Stangen ins Training integrierst. Die Anzahl sollte allmählich gesteigert werden. Du kannst sie sowohl für Schritt als auch für Trab aufbauen, jeweils im „Wohlfühlabstand" deines Hundes in der gewählten Gangart. Die Stangenhöhe darf leicht variieren, sollte aber auch in diesem Fall maximal Sprunggelenkshöhe des Hundes betragen. Der Aufbau einer so langen Strecke dauert meistens länger, als man tatsächlich daran trainiert. Es ist daher sinnvoll, wenn du sie an einem Ort aufbaust, wo sie längere Zeit stehen bleiben kann, oder wenn sie im Training von mehreren Hunden genutzt wird.

Das Überlaufen der langen Gerade erfordert vom Hund viel Konzentration und ist körperlich anstrengend (versuch mal, eine längere Strecke flott zu laufen und dabei die Knie anzuziehen). Du solltest diese Übung daher nur gelegentlich ins Training einbauen und sie deinen Hund auch dann nur ein- bis zweimal pro Seite ausführen lassen. Selbstverständlich muss er dafür bereits gut aufgewärmt sein. Du selbst läufst immer seitlich mit.

Das Überlaufen langer Cavalettistrecken ist anstrengender, als es aussieht. (Foto: Archiv Rumpf)

Wassergraben

Der Wassergraben ist im Sommer eine schöne Abwechslung, für einige Hunde aber auch eine kleine Mutprobe. Je nach Wassertiefe beinhaltet er durchaus einen (geringen) Widerstand beim Laufen. Eine weitere Schwierigkeit ist, dass der Hund durch die Spiegelung an der Wasseroberfläche die Höhe der Cavaletti nicht so gut einschätzen kann. Er muss also darauf vertrauen, dass sein Mensch nichts Unmögliches von ihm verlangt. Für die Wasserratten unter den Hunden besteht eine zusätzliche Herausforderung darin, sich trotz des einladenden Wassers zu konzentrieren und nicht herumzuplanschen.

Mit vier Vierkanthölzern, zwei etwa 1,5 Meter lang und zwei etwa 2 bis 2,5 Meter lang, sowie einer Plane kannst du dir einen einfachen Wassergraben bauen. Dazu sägst du in die Vierkanthölzer jeweils 15 Zentimeter vom Ende entfernt eine Kerbe in der Breite eines Vierkantholzes. Auf diese Weise lassen sich die Hölzer stabil miteinander verschränken, sodass ein Rechteck entsteht. Darüber legst du eine wasserdichte Plane, die etwas größer ist als das Rechteck. Nun kannst du mit der Gießkanne oder dem Schlauch Wasser einfüllen. Die Höhe der Vierkanthölzer bestimmt dabei den Wasserstand. Wenige Zentimeter genügen, es sei denn, du möchtest gezielt einen höheren Wasserwiderstand erreichen.

Dein Hund sollte den Wassergraben zunächst ohne Cavaletti kennenlernen. Sobald er sich sicher fühlt, kannst du darin eine Cavalettistrecke aufbauen. Achte im Sommer unbedingt auf die Temperatur des Wassers. Es könnte durch die Sonneneinstrahlung schnell unangenehm heiß werden. Wichtig ist außerdem, dass das Wasser immer frisch ist, damit sich keine Algen bilden, die den Boden rutschig machen.

Beinslalom in den Cavaletti

Bei dieser anspruchsvollen Kombi-Übung führst du deinen Hund über flache Cavaletti (Pfotenhöhe) im Slalom durch deine Beine. Der Beinslalom an sich sollte deinem Hund schon bekannt sein. Übe ihn also zuerst ohne Cavaletti. Hierzu startest du mit deinem Hund auf deiner linken Seite, stellst dein rechtes Bein einen Schritt nach vorn und lockst den Hund (zum Beispiel mithilfe des Handtargets) unter diesem Bein hindurch auf deine rechte Seite. Noch während der Hund auf der rechten Seite ankommt, stellst du dein linkes Bein einen Schritt nach vorn und lässt den Hund nun unter diesem Bein hindurch auf die linke Seite wechseln. Mach das mehrmals in einer flüssigen Vorwärtsbewegung.

Wenn der Slalom sicher klappt, kannst du Cavaletti hinzunehmen. Die Abstände sollten deutlich weiter sein als regulär und mindestens deine Schrittlänge betragen. Bei dieser Übung überläufst du die Cavaletti ausnahmsweise gemeinsam mit deinem Hund. Verwende daher längere Stangen, damit der Hund Platz hat, um im Bogen um dein Bein herum über die Stangen zu laufen. Steigere die Anzahl der Cavaletti nach und nach von zunächst ein bis zwei auf später bis zu zehn. Achte darauf, dass dein Hund langsam und

Vierkanthölzer werden mithilfe von gesägten Kerben stabil miteinander verschränkt. (Fotos: Archiv Rumpf)

Über das nun entstandene Rechteck wird eine ausreichend große, wasserdichte Plane gelegt. (Fotos: Archiv Rumpf)

Fertig ist ein einfacher Übungswassergraben. (Foto: Archiv Rumpf)

Eine anspruchsvolle Koordinationsübung für Zwei- und Vierbeiner. (Foto: Archiv Rumpf)

konzentriert läuft, seine Hinterbeine bewusst setzt und nicht zu dir hochschaut. Ein Targetstick zum Führen kann hilfreich sein.

Acht über mehrere Cavaletti

Das Führprinzip für die Acht mit Mitdrehen und Wegschicken hast du schon kennengelernt. Nun geht es darum, die Acht über mehrere Cavaletti in einer Reihe auszuführen. Ziel ist ein möglichst flüssiger Ablauf, wobei du dich selbst möglichst wenig bewegen solltest.

Eine Aufbaumöglichkeit sind zwei Cavalettistrecken hintereinander. Du selbst positionierst dich in der Mitte und führst deinen Hund von dort aus. Er lernt, sich von dir zu lösen, „voran" über die Cavaletti zu laufen, dann wieder auf dich zu und weiter über die zweite Cavalettistrecke, alles im gleichen Tempo. Zur Unterstützung kannst du anfangs wieder Targets, Pylonen und/oder Futterautomaten verwenden, bis dein Hund den Ablauf verstanden hat und ihn ohne Hilfsmittel flüssig ausführen kann. Dein Hund muss dabei genau auf dich achten und lernt, die

Cavaletti-Acht so lange zu laufen, bis du ihm ein anderes Signal gibst. Das ist für weitere, später in diesem Buch folgende Übungen hilfreich.

Du kannst alternativ auch zwei Cavalettistrecken nebeneinander platzieren und deinen Hund, wieder aus der Mitte heraus, darüberführen, ohne selbst mitzulaufen.

Beginne immer mit wenigen Stangen und steigere die Anzahl erst, wenn dein Hund die Übung verstanden hat. Dann kannst du auch die Höhe und Abstände der Stangen variieren und deinen Hund die Acht in unterschiedlichen Gangarten überlaufen lassen – eine Seite im Schritt und eine im Trab.

Rückwärts durch ein Labyrinth

Das Labyrinth ist eine Gasse mit mehreren Winkeln und keine Cavalettiübung im eigentlichen Sinn, ich nutze es aber gern, um Aufmerksamkeit und Führigkeit zu trainieren. Die Arbeit mit dem Labyrinth in der Vorwärtsbewegung kennst du bereits aus meinem ersten Cavaletti-Buch. Damit dein Hund ein noch besseres Gefühl für seine Hinterhand bekommt, kannst du ihm beibringen, ein (eher kleines) Labyrinth rückwärts zu bewältigen, ohne dabei über die seitlichen Markierungen zu treten. Bei dieser Übung müssen Mensch und Hund sehr konzentriert zusammenarbeiten. Präzise körpersprachliche Hilfen sind das A und O.

Achte darauf, dass der Hund den Kopf während der gesamten Übung gerade und eher waagerecht hält, weil er andernfalls in der Regel die Rückenmuskulatur wegdrücken und die Hüfte falsch abkippen wird. Wie bereits erklärt, solltest du deinen Hund nicht „rückwärtsschieben“, sondern mithilfe von Hinterhandtargets gezieltes Rückwärtsgehen aufbauen. Nur so lernt er, die Hinterbeine aktiv zu setzen und nicht einfach nur die Pfoten über den Boden schleifen zu lassen.

Konzentration trotz Ablenkung

Baue gelegentlich gezielt Ablenkungen ins Training ein, um zu überprüfen, wie sicher der Hund das Signal für die Cavaletti und die jeweils gewünschte Gangart verknüpft hat, und um das konzentrierte Arbeiten zu fördern. Übe zunächst mit einfachen geraden Strecken, später dürfen es auch schwierigere Aufbauten wie die Acht sein.

Platziere Spielzeuge oder Futterschüsseln mit Leckerchen neben den Cavaletti, wirf einen Ball hoch oder lass einen Helfer eine Reizangel bewegen oder eine Frisbeescheibe werfen. Schafft es dein Hund, trotzdem die Cavaletti zu überlaufen?

Wichtig ist, dass dein Hund, falls es nicht klappt, keine Möglichkeit hat, sich die begehrten Dinge tatsächlich zu holen. Es kann daher sinnvoll sein, ihn zunächst an einer lockeren Leine zu führen.

Beginne auch im Labyrinth mit einem einzelnen Tritt und belohne deinen Hund in dieser neuen Position, also nach der Rückwärtsbewegung (nicht erst, wenn er wieder nach vorn auf dich zugegangen ist). Nach und nach nimmst du nun weitere Tritte hinzu, bis dein Hund flüssig über eine längere Strecke rückwärtsgeht. Er sollte dabei diagonal aufund abfußen. Für das Labyrinth ist es nun wichtig, dass du das Rückwärtstreten jederzeit unterbrechen kannst, dein Hund also auf dein Signal hin sofort anhält oder wieder vorwärtsgeht. Er sollte auch möglichst gerade rückwärtsgehen und nicht seitlich ausweichen. Damit er rückwärts um die Kurve kommt, kannst du deinem Hund durch deine eigene Position am Rand Hilfestellung geben oder auch, indem du in den Winkeln als Orientierung jeweils Hinterhandtargets auslegst.

Tritte verlängern und verkürzen

Das Cavalettitraining lässt sich auch gezielt einsetzen, um die Trittweite deines Hundes zu beeinflussen. Vergrößerte Abstände erfordern längere Tritte und damit eine Dehnung, während verkleinerte Abstände in Verbindung mit etwas höheren Stangen zu verkürzten Tritten und damit zu einer versammelten Haltung führen. Diese Übung solltest du nur mit einem bereits ausgewachsenen Hund trainieren. Beginne immer mit dem normalen Wohlfühlabstand für deinen Hund und gehe erst nach einer gründlichen Aufwärmphase zu den Übungen mit veränderter Trittlänge über.

Achte im Training genau auf Stressanzeichen deines Hundes, um ihn nicht zu überfordern.

Größere Abstände zwischen den Cavaletti animieren den Hund zu raumgreifenderen Tritten. (Foto: Archiv Rumpf)

DEHNEN

Wenn du erreichen möchtest, dass dein Hund größere Tritte macht, seinen Körper beim Laufen also vermehrt dehnt, vergrößerst du die Abstände für Schritt (und später auch für Trab), ausgehend vom normalen Abstand, zentimeterweise, sodass es deinem Hund gerade noch gelingt, die Cavaletti ohne Zwischentritte zu überlaufen. Je kleiner dein Hund ist, desto kleinschrittiger muss das Vergrößern der Abstände erfolgen. Am besten bittest du einen Helfer, von der Seite zu schauen, ob der Hund mit dem Abstand noch gut zurechtkommt. Idealerweise sollte die nächste Stange sehr geringfügig vor dem Punkt liegen, wo der Hund seine Pfote normalerweise wieder aufsetzen würde. Dadurch, dass die Stange dort liegt, wird er den Tritt etwas verlängern, um das Hindernis nicht zu berühren. So wird die Dehnung der Schulterpartie und der Rückenmuskulatur erreicht. Die Stangen sollten eher niedrig liegen (Pfotenhöhe), weil es anatomisch nicht möglich ist, die Beine maximal hoch zu heben und sie dabei maximal weit nach vorn zu setzen. Falls du die Stangen auf den Boden legst, vergiss nicht, sie zu fixieren.

Wenn du die Abstände bei regelmäßigem Training (zwei- bis dreimal pro Woche) über mehrere Wochen hinweg nach und nach erweiterst, erreichst du mit der Zeit eine deutlich bessere Beweglichkeit. Pro Trainingseinheit genügen wenige Durchgänge.

Grundsätzlich fällt den meisten Hunden das Verlängern der Tritte im Trab leichter als im Schritt. Wie stark ein Hund seine Tritte verlängern kann, hängt von verschiedenen Faktoren ab, die du berücksichtigen solltest:

- Alter: Je älter dein Hund ist, desto weniger raumgreifend sind seine Bewegungen.
- Vorbereitung: Nur gut aufgewärmte Muskulatur kann sich dehnen, ohne Schaden zu nehmen.
- Lage des Schulterblatts: Je flacher und „offener" die Schulter ist, desto raumgreifender kann ein Hund sich bewegen.
- Körperform: „Rechteckhunde" können sich meist besser strecken und den Rücken schwingen lassen als kurze „Quadrathunde".
- Winkelung der Hinterhand: Sehr steile Sprunggelenke, wie sie bei vielen Terrierrassen zu finden sind, verhindern, dass die Hinterbeine genügend vorgreifen können. Streckung, Dehnung und Schub nach vorn sind nur in geringem Maß möglich.
- Kopfhaltung: Dreht der Hund den Kopf zur Seite/nach oben zu seinem Hundeführer, blockiert er die entsprechende Schulter. Nur bei gerader Kopfhaltung in moderater Höhe können beide Vorderbeine gleich gut nach vorn schwingen. Wird der Kopf zu hoch gehalten, blockiert er den Rücken; bei einem zu tief gehaltenen Kopf lastet zu viel Gewicht auf den Schultern, was das Vorschwingen der Beine behindert.
- Untergrund, Witterung und Befinden: Der Hund muss sich sicher und wohl fühlen und der Untergrund muss eben, angenehm (nicht zu heiß oder zu kalt) und federnd sein.

- Mut: Der Hund muss sich die längeren Tritte auch zutrauen.
- Höhe der Stangen: Je länger die Tritte sind, desto weniger werden die Pfoten angehoben.
- Tempo: Zum Verlängern der Tritte braucht der Hund innerhalb der gewünschten Gangart mehr Tempo und Energie. Daher solltest du ihn zügig und mit der entsprechenden Körpersprache begleiten. Das Verlängern der Tritte funktioniert am besten im Trab.

VERSAMMELN

Kommen wir nun zum Verkürzen der Abstände zwischen den Cavaletti bei gleichzeitigem Erhöhen der Stangen. Dadurch spannt der Hund vermehrt die Bauchmuskulatur an, wölbt den Rücken auf und hebt die Beine vermehrt durch stärkeres Anwinkeln der Schulter- und Sprunggelenke. Gehe auch hier wieder langsam vor und verkürze die Abstände zentimeterweise über mehrere Wochen. Ziel ist, dass dein Hund alle Pfoten bewusst anhebt, um über die Stangen zu kommen, ohne zu springen. Der Bewegungsablauf soll flüssig bleiben.

Beim Verkürzen der Tritte gibt es außerdem Folgendes zu beachten:

- Eine stark gewinkelte Hinterhand, die oft bereits beim normalen Laufen über die Abdrücke der Vorderhand hinausfußt (zum Beispiel beim Deutschen Schäferhund), ist zwar in der Dehnung von Vorteil, bei der Versammlung jedoch hinderlich.

Bei verkürzten Tritten werden die Beine höher gehoben. (Foto: Archiv Rumpf)

- Kurze Hunde mit eher quadratischem Körperbau tun sich oft ebenso schwer damit, den Körperschwerpunkt nach hinten zu verlagern und die Sprunggelenke anzuwinkeln, wie Hunde mit (zu) langem Rücken.

Klettern

Fortgeschrittene Hunde, die bereits mit dem Verkürzen der Tritte vertraut sind, können zusätzlich das Klettern lernen. Verwende hierfür nur zwei, höchstens drei Stangen, die ausnahmsweise bis knapp auf Höhe des Rippenbogens deines Hundes reichen. Der Abstand sollte, je nach Körperbau deines Hundes, etwas mehr als ein Drittel bis hin zu einer halben Rückenlänge betragen. Achte darauf, dass die Cavaletti nicht sofort umfallen, wenn der Hund mal leicht hängen bleibt. Idealerweise bittest du zwei Hilfspersonen, die Pylonen rechts und links zu fixieren, sofern dein Hund keine Schwierigkeiten mit der Nähe anderer Personen hat. Du selbst befindest dich vor dem Hund auf der anderen Seite der Stangen, um ein Überspringen des gesamten Aufbaus (das wäre die für den Hund naheliegende, einfachere Lösung) zu verhindern. Nun lockst du ihn mit dem Handtarget (in diesem Fall geht ausnahmsweise auch ein Leckerli) über die Stangen auf dich zu und achtest darauf, dass er wie bisher alle Pfoten nacheinander in den Zwischenraum setzt und sich dabei möglichst flüssig bewegt. Es ist günstig, den Kopf des Hundes etwas tiefer zu führen, weil dies das Springen erschwert.

Beim Klettern muss der Hund seinen Rücken deutlich aufwölben und die Hüfte seitlich öffnen, um die Hinterbeine über die Stangen zu setzen. Diese Übung ist nicht für Hunde mit Gelenkproblemen, Senioren und Welpen geeignet. Sie sollte auch mit gesunden Hunden nicht in jedem Training und jeweils höchstens zwei- bis dreimal wiederholt werden.

Beim Klettern ist es sinnvoll, die Stangen festzuhalten. (Foto: Archiv Rumpf)

Erhöhter Balancesteg

Versuch doch mal, deinem Hund zu erklären, nur auf die Sprossen einer liegenden Leiter zu treten. Oftmals ist es hilfreich, die Leiter etwas zu erhöhen, sie also vorn und hinten auf ein Podest wie zum Beispiel eine Palette zu legen. Gehe anfangs sehr behutsam vor, damit dein Hund nicht abrutscht und sich verletzt. Am besten trägt er für diese Übung ein Geschirr, sodass du ihn abfangen kannst, falls er ins Rutschen kommt. Wir haben auf unserem Hundeplatz für solche Koordinations- und Vertrauensübungen extra einen Balancesteg aufgebaut.

Cavaletti unterwegs

Cavalettitraining kannst du auch in deine normalen Gassirunden im Wald einbauen. Nutze hierfür geeignete Äste am Wegesrand und führe deinen Hund von rechts und von links darüber, gern auch in Form einer Acht. Lege auch hierbei Wert darauf, dass dein Hund nicht springt.

Spinne

Spicke hierfür vier Pylonen an allen vier Seiten mit Stangen und stelle sie in einer Reihe

Geübte Hunde schaffen den Balancesteg auch ohne Hilfe. (Foto: Archiv Rumpf)

Die Spinne bietet vielfältige Möglichkeiten für kreatives Training. (Foto: Archiv Rumpf)

hintereinander auf. Für diesen Aufbau benötigst du 13 Stangen. Mit drei Pylonen kannst du auch eine etwas kleinere Spinne aufbauen. Die mittleren Stangen werden mit der jeweils nächsten Pylone verbunden. Die äußeren Stangen können entweder auf Muldenhütchen aufgelegt oder schräg zum Boden geführt werden. Die mittleren Stangen dürfen maximal auf Sprunggelenkshöhe liegen.

Die Spinne ist sehr vielseitig. Du kannst deinen Hund rechts- und linksherum in einem Oval oder im Slalom um die Pylonen und über die Stangen führen, verschiedene Untergründe einbauen und verschiedene Gangarten abfragen. Achtung: Da die Stangen in größeren Abständen liegen, neigen manche Hunde zum Springen. Das Anhalten und sogar das Rückwärts- oder Seitwärtsgehen lässt sich mit diesem Aufbau ebenfalls üben. Das Laufen von Bögen oder das Vorausschicken zu einem Target sind weitere Möglichkeiten.

Die Spinne eignet sich prima für das Aufwärmtraining vor anderen Hundesportarten. Sie kann auch vor dem eigentlichen Cavalettitraining verwendet werden, um die Hunde einzustimmen und um verschiedene Dinge zu wiederholen/in Erinnerung zu rufen.

(Foto: Archiv Rumpf)

KOMPLEXE ÜBUNGEN, GALOPPTRAINING UND CAVAGILITY

Im Folgenden möchte ich einige Übungen vorstellen, mit denen du komplexere Abläufe trainieren kannst. Sie dienen zudem als Vorbereitung auf das Laufen eines Parcours. Auch hierfür findest du am Ende dieses Kapitels einige Anregungen. Und damit der Spaß und die Kreativität nicht zu kurz kommen, gibt es darüber hinaus Ideen für das Figurenlaufen mit Cavaletti.

Festigen der Position neben dem Hundeführer

Bei dem in der Abbildung gezeigten Aufbau geht es darum, dem Hund den Wechsel zwischen Geradeausschauen und Hochschauen zum Hundeführer zu erklären und ihn immer wieder eigenständig die richtige Position rechts oder links vom Hundeführer finden zu lassen. Du kannst zusätzlich die Positionen Sitz, Platz und Steh in die Übung einbauen.

Zunächst befindest du dich in der Mitte des kleinen Quadrats aus Cavaletti. Dein Hund sitzt links von dir in Fußposition. Aus dieser schickst du den Hund nach vorn über Cava-

ABBILDUNG 2

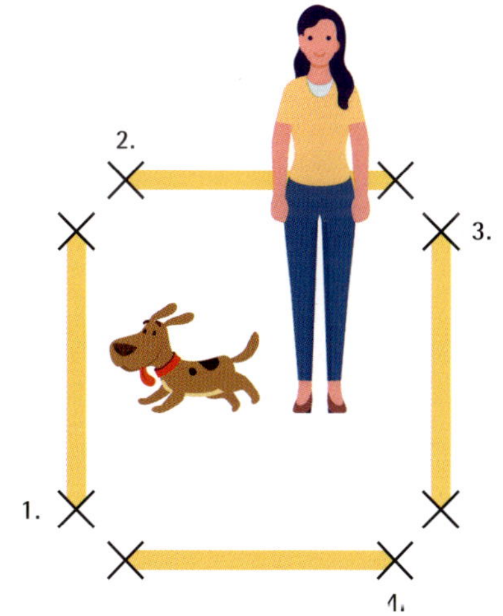

Der Basisaufbau zur Festigung der Position neben dem Hundeführer mit je einem Cavaletto.

Für Fortgeschrittene: Aus der Fußposition geht es direkt über mehrere Cavaletti. (Foto: Archiv Rumpf)

letto 1, drehst dich auf der Stelle mit in Bewegungsrichtung des Hundes und lässt ihn über Cavaletto 2 wieder ins Viereck laufen, sodass ihr beide in Richtung von Cavaletto 4 schaut. Dort gibst du erneut das Wortsignal für die Fußposition. Hat er diese wieder eingenommen, schickst du ihn geradeaus über Cavaletto 4 und holst ihn über Cavaletto 1 zurück ins Viereck, wo er sich wieder in der Fußposition einfinden soll. Von dort aus schickst du ihn dann noch mal über Cavaletto 3 voraus, und es geht über Cavaletto 4 zurück ins Viereck und in die Fußposition.

Dieselbe Übung kannst du andersherum machen, um die Handposition (rechts neben dir) zu festigen. Bei fortgeschrittenen Hunden ist es auch möglich, die Seiten, auf denen der Hund jeweils ankommen soll, zu variieren.

Wenn dein Hund den Aufbau mit einem Cavaletto sicher verstanden hat, kannst du beginnen, das Viereck nach und nach zu allen Seiten hin zu erweitern, also pro Seite erst zwei, dann drei ... bis zu sechs Cavaletti. Für diese effektive Übung benötigst du nur wenig Platz. Nutze anfangs ein Target oder eine Pylone als Ziel, um deinem Hund das „Voran“ verständlicher zu machen.

Herausforderung in Sachen Führigkeit

Der auf dem Foto gezeigte Aufbau ermöglicht ebenfalls zahlreiche Übungsvariationen. Du als Hundeführer stehst wieder innerhalb des Quadrats, das aus acht Schwebebalken oder Vierkanthölzern mit jeweils 30 bis 40 Zentimetern Abstand zueinander aufgebaut ist. Von den Ecken ausgehend nach außen stehen auf der gedachten Verlängerung der Diagonalen jeweils kurze Cavalettistrecken. Außen in etwa 1 bis 1,5 Metern Abstand zu den Schwebebalken werden zudem Bodentargets (zum Ansteuern) und hinter den Cavalettistrecken Pylonen (zum Umrunden) platziert.

Du kannst deinen Hund nun diagonal nach außen über die Cavaletti schicken und ihn zwischen den Schwebebalken wieder hereinholen, ihn über die Schwebebalken balancieren lassen, ihn um eine Pylone oder auf ein Bodentarget senden ... deiner Fantasie sind hier fast keine Grenzen gesetzt. Überlege dir immer wieder neue Laufwege oder ordne die Elemente gelegentlich ein bisschen anders an. Eine besondere Herausforderung ist es, deinen Hund das gleiche Hindernis auf unterschiedliche Weise nehmen zu lassen: Schafft er es, einmal über den Schwebebalken zu balancieren, ihn dann als Cavaletto zu überlaufen und beim nächsten Mal zwischen zwei Schwebebalken hindurchzugehen?

Voraussetzung ist selbstverständlich, dass dein Hund die Elemente einzeln bereits gut kennt und sicher bewältigen kann. Das Vorausschicken sowie Seitenwechsel sollten ihm ebenfalls bekannt sein.

So könnte der Aufbau für diese Übung aussehen. Selbstverständlich lassen sich die Elemente variieren. (Foto: Archiv Rumpf)

Cavalettikreise: Achter und Kleeblatt

Das Laufen auf gebogenen Linien kennt dein Hund nun schon von den Achterübungen, dem Fächer und der S-Kurve. Diese Fertigkeit lässt sich mit der Arbeit an zwei bis vier Kreisen mit außen angelegten Cavaletti weiter ausbauen. Für die Acht stellst du, wie auf der Abbildung gezeigt, zwei Cavaletti-(Halb-) Kreise auf. Zur Mitte hin liegen keine Stangen an den Kreisen.

Mit vier Kreisen, an denen jeweils außen 6 bis 10 Cavaletti angelegt sind, kannst du dann eine noch etwas anspruchsvollere Kleeblattübung trainieren, wobei die Wegführung dem in der Übung zur Festigung der Position beschriebenen Prinzip folgt. Du selbst stehst in der Mitte und schickst deinen Hund so um die Cavaletti, dass ein vierblättriges Kleeblatt entsteht.

Probiere aus, wie es am besten klappt, alle vier Kreise flüssig nacheinander abzuarbeiten. Wie drehst du dich am günstigsten? Lässt du

Köperunabhängiges Führen

Hunde, die neu ins Cavalettitraining einsteigen, lernen in der Regel zunächst, sich an die Bewegungen und die Energie ihres Hundeführers anzupassen. Im weiteren Verlauf des Trainings sollte es jedoch das Ziel sein, dass der Hund die Cavaletti in der angesagten Gangart überläuft, egal, was der Hundeführer macht. Versuch doch mal, während dein Hund über die Cavaletti läuft, selbst eine Aufgabe zu erfüllen – auf einem Bein springen, auf allen vieren krabbeln, deinen Schuh binden, auf einem Balken balancieren, von einem Objekt zum anderen (von Balancekissen zu Balancekissen) gehen usw. Solche Aufgaben helfen, das Training aufzulockern. Zudem kannst du so gut überprüfen, ob der Hund dein Signal für die Gangart sicher verstanden hat oder ob er eher „mithüpft", wenn du dich auf ungewöhnliche Weise bewegst.

So sieht der Aufbau für das Kleeblatt aus. (Foto: Archiv Rumpf)

deinen Hund lieber alle Kreise in die gleiche Richtung laufen oder baust du Wechsel ein? Versuche es einmal mit zwei rechts geführten und zwei links geführten Kreisen. Ich selbst nutze hierbei am liebsten die Gegenhand zum Führen, also die vom Hund abgewandte Hand. Das liegt daran, dass ich mit dieser Körpersprache auch longiere. Du kannst ebenso gut mit der zum Hund gewandten Hand führen. Achte aber darauf, den Hund nicht zu weit außen, sondern möglichst mittig über die Cavaletti zu schicken. Sehr sichere Hunde schaffen es vielleicht auch, alle vier Kreise einmal komplett außen zu umrunden und dabei die äußeren Cavaletti zu überlaufen.

ABBILDUNG 3

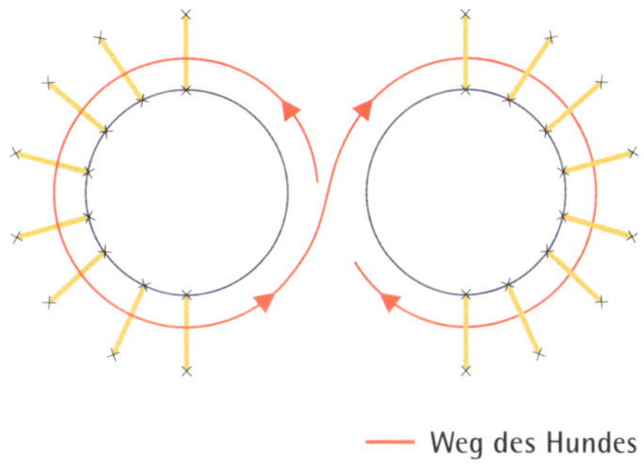

Acht mit zwei Cavaletti-(Halb-)Kreisen. Du kannst selbst in der Mitte zwischen den beiden Kreisen stehen oder von Kreismittelpunkt zu Kreismittelpunkt pendeln.

Dreiecksübungen

Mit Aufbauten in Dreiecksform lässt sich gut das Überlaufen der Cavaletti mit dem Schicken des Hundes/der Arbeit mit Targets kombinieren. Der Hund muss sehr aufmerksam arbeiten, weil er die Cavaletti schräg überläuft. Pro Schenkel des Dreiecks wirst du in der Regel zwei Stangen brauchen, damit die Figur groß genug wird. Du kannst nun entweder außerhalb des Dreiecks stehen und deinen Hund, wie in der Abbildung gezeigt, um Pylonen oder von Target zu Target um die Cavaletti schicken. Alternativ kannst du im Dreieck stehen und deinen Hund auf unterschiedlichen Wegen nach außen schicken. Du selbst drehst dich mit, verlässt deinen gewählten Führbereich im Dreieck oder außerhalb aber nicht.

Eine weitere Variante ist, um das erste Dreieck ein weiteres Dreieck zu legen, sodass dein Hund pro Seite jeweils zwei Cavaletti überlaufen muss.

ABBILDUNG 4

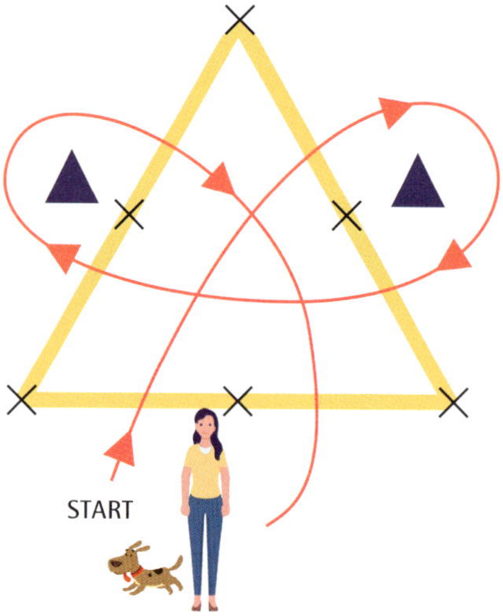

Alternativ zu den Pylonen wären auch Targets möglich, die der Hund anlaufen soll.

Hier wurde die Dreiecksübung zur Abwechslung mit Schwebebalken aufgebaut. (Foto: Archiv Rumpf)

Ideen für weitere Kombinationen

ABBILDUNG 5

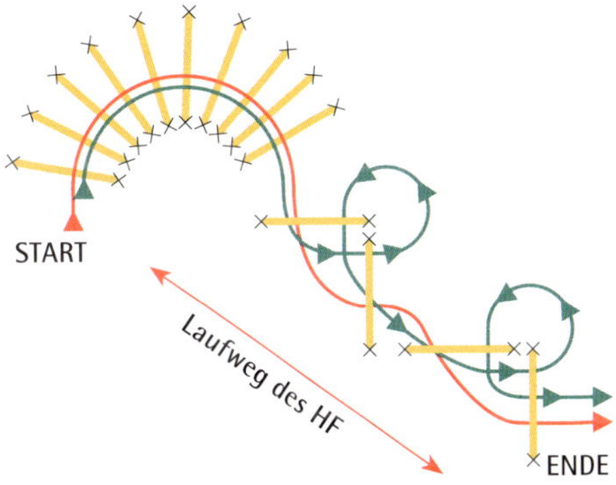

— erster möglicher Weg des Hundes
— zweiter möglicher Weg des Hundes

Diese Kombination kann mit oder Kringel über die Cavaletti gelaufen werden.

ABBILDUNG 6

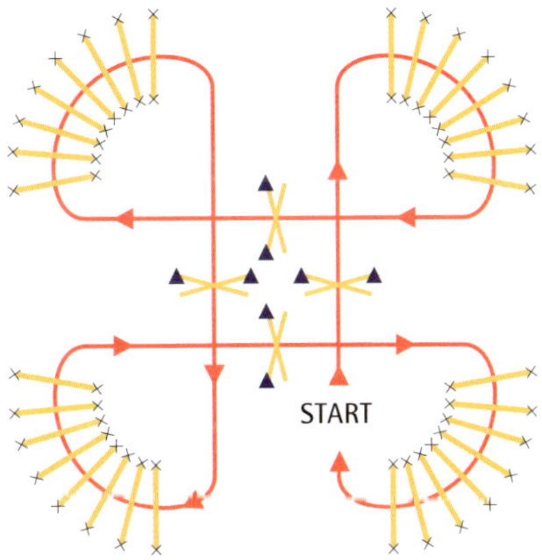

— Weg des Hundes, HF begleitend daneben*

Eine Variation der Kleeblattübung mit Cavalettikreuzen in der Mitte.

ABBILDUNG 7

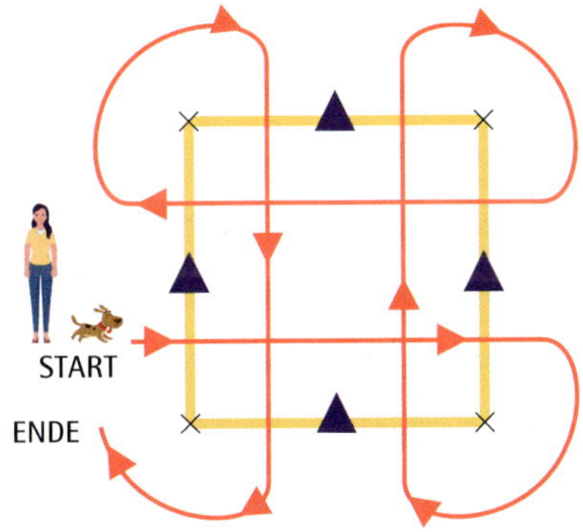

— Weg des Hundes, HF begleitend daneben*

Ein Viereck aus Cavaletti bietet zahlreiche Optionen für unterschiedliche Laufwege. Hier ist eine Anregung.

ABBILDUNG 8

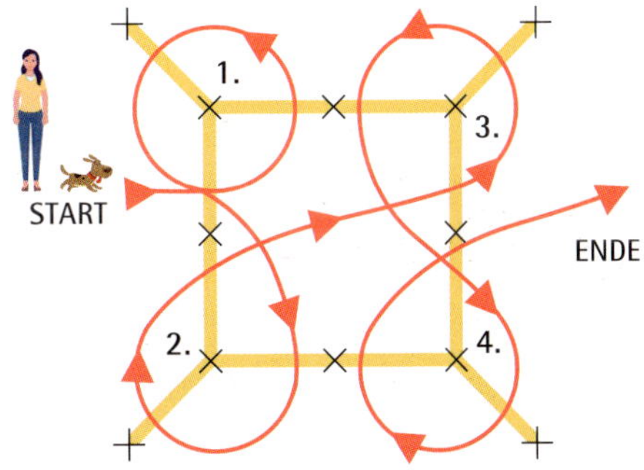

— Weg des Hundes, HF begleitend daneben*

Ein weitere Variante des Vierecks mit außen angelegten Cavaletti.

*Bei den in den Abbildungen 6, 7 und 8 gezeigten Kombinationen kann der Hund wahlweise auch aus der Mitte geführt werden.

Durch Galopptraining über Cavaletti übt der Hund, den idealen Absprungpunkt zu finden. (Foto: Archiv Rumpf)

Galopptraining

Der Galopp ist eine gesprungene Gangart, bei der sich auch ohne Stangen in einer bestimmten Phase alle vier Beine des Hundes in der Luft befinden. Daraus ergibt sich, dass der Hund wieder landen muss, was den Galopp für den Bewegungsapparat belastender macht als die Gangarten Schritt und Trab. Der Galopp hat daher eine Sonderstellung im Cavalettitraining. Sinnvoll und in Maßen eingesetzt hilft das Galopptraining dem Hund zu lernen, seine Galoppsprünge gezielt zu verlängern oder zu verkürzen und auf diese Weise eigenständig den idealen Absprungpunkt zu finden. Davon profitieren insbesondere Hunde, die in Sportarten wie Agility unterwegs sind. Sie machen weniger Abwurffehler und die Verletzungsgefahr sinkt. Das gilt selbstverständlich auch für Hunde, die im Obedience nur einen Sprung machen, oder für Hunde, die keinen Hundesport betreiben und unterwegs gelegentlich einen Baumstamm überwinden. Weitere Vorteile des Galopptrainings sind:

- Im Galopp wird der Rücken optimal aufgewölbt, sofern die Abstände zwischen den Cavaletti passen und das Tempo nicht zu hoch ist.

- Hunde, die sich sehr beherrschen müssen, um in ruhigem Tempo zu gehen, können durch zwischenzeitliches Galoppieren Spannungen loswerden. Es macht Spaß, auch mal ein Stück flitzen zu können.
- Der Galopp bereichert das Training um ein zusätzliches Element. Das Wechseln zwischen unterschiedlichen Gangarten und zwischen Tempi innerhalb der Gangarten hält den Hund (und auch den Hundeführer) aufmerksam.

Ungeeignet ist Galopptraining für Senioren mit Altersbeschwerden, für Welpen, für Hunde mit Erkrankungen des Bewegungsapparats und auch für Hunde, die diese Gangart von sich aus nicht anbieten. Wie gut, dass abwechslungsreiches und umfassendes Cavalettitraining auch ohne Galopp problemlos möglich ist. Selbst in einem Parcours dürfen eingebaute Galoppstangen immer wahlweise im Schritt oder Trab überlaufen oder im Slalom umlaufen werden.

ABSTÄNDE IM GALOPP VARIIEREN

Begonnen wird das Cavalettitraining im Galopp mit einem Abstand von etwa zwei Rückenlängen. So lässt sich die größtmögliche Aufwölbung des Rückens erzielen. Die Cavaletti sollten nur im Ausnahmefall niedriger als in Sprunggelenkshöhe liegen. Der Hund darf nicht zu schnell an die Stangen herangeführt werden, weil er sonst die Stangen eher als ein einziges großes Hindernis wahrnimmt und versuchen wird, mehrere Stangen auf einmal mit maximal gestrecktem Rücken zu überwinden.

ABBILDUNG 9

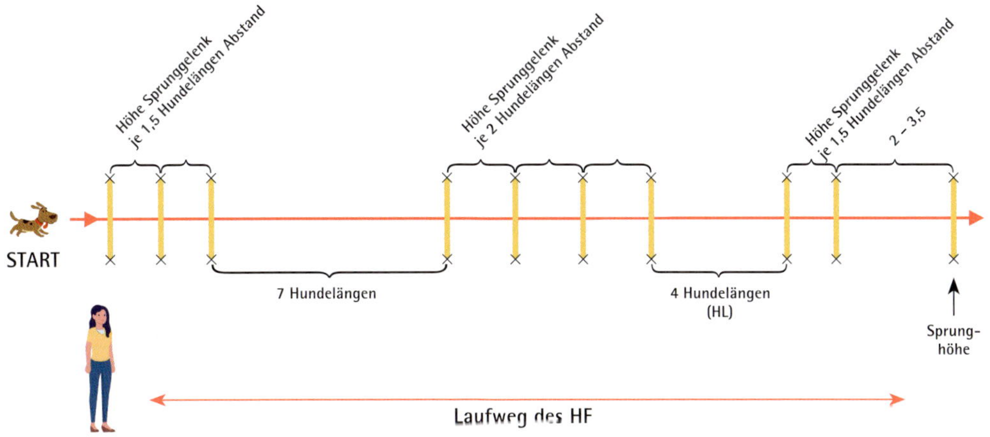

In einer Galoppreihe lernt der Hund, seine Galoppade einzuschätzen und zu regulieren.

Hat dein Hund das Prinzip des „In-Out", also des sofort erneuten Abspringens nach dem Überwinden eines Cavaletto verstanden, kannst du den Abstand nach und nach auf 1,5 Rückenlängen reduzieren.

Für einen geübteren Hund kann man längere Galoppreihen aus Strecken mit unterschiedlichen Abständen aufbauen. Dadurch lernt er, dass er selbst seine Galoppade beeinflussen und aktiv verändern kann. Sollte dein Hund es noch nicht so gut schaffen, sich längere „Leerräume" innerhalb einer Galoppreihe selbst einzuteilen, kannst du für jeden Galoppsprung eine Bodenstange als Orientierung auslegen.

Für Hunde, die im Hundesport springen, kann am Ende ein einzelner Sprung in der entsprechenden Höhe aufgestellt werden.

Cavagility – Parcourstraining

Cavagility ist eine Mischung aus Cavalettitraining, Agility und weiteren Elementen aus verschiedenen Hundesportarten. Das Grundprinzip habe ich bereits im ersten Cavaletti-Buch genau beschrieben. Es geht darum, dass Hund und Mensch einen Parcours aus verschiedenen Übungen möglichst korrekt überwinden. Geschwindigkeit spielt keine Rolle. Wenn mehrere Hunde am Training teilnehmen, muss dies beim Parcoursbau berücksichtigt werden. Unkompliziert ist es, wenn die Hunde annährend ähnliche Schrittlängen haben. Ist dies nicht der Fall, orientiert man sich an der für den kleinsten teilnehmenden Hund gut zu bewältigenden Höhe und baut den Abstand zwischen den Cavaletti für den größten Hund auf. Es muss dann in Kauf genommen werden, dass die kleineren Hunde Zwischentritte machen.

Bei den Cavalettistrecken im Parcours kann die Gangart vorgegeben werden (Schritt oder Trab), die Länge der Strecken kann variieren (jeweils vier bis zehn Cavaletti pro Strecke), die Stangenhöhe innerhalb der Strecke und selbstverständlich auch der Untergrund können unterschiedlich sein. Zudem können verschiedenste Übungen aus diesem Buch mit eingebaut werden, etwa Rückwärts- und Seitwärtssequenzen. Auch gezielte Ablen-

Auch spiegelnde Untergründe können in einen Parcours eingebaut werden. (Foto: Archiv Rumpf)

Im Cavagility-Parcours kommt es auf ein gutes Zusammenspiel von Mensch und Hund an. (Foto: Archiv Rumpf)

kungen und Zusatzaufgaben für den Hundeführer (beispielsweise Balancieren) sind möglich. Ein Tunnel, eine gekennzeichnete Box, in der eine bestimmte Position gezeigt werden soll (Sitz, Platz oder Steh), während der Hundeführer die Box einmal umrundet, Stege, Leitern, Wippen oder was auch immer zur Verfügung steht lassen sich ebenfalls einbauen. Die im Folgenden gezeigten Parcoursbeispiele sollen lediglich einige Anregungen liefern, auch bezüglich der Wegführung. Ansonsten ist Kreativität gefragt. Ein Apportel von A nach B tragen, einen Ball von A nach B schieben, den Elefantentrick zeigen, auf ein Podest springen und ein Kunststück machen sind nur einige von zahllosen weiteren Ideen. Was im Einzelfall machbar ist und was nicht, hängt vom Ausbildungsstand der teilnehmenden Hunde ab.

Zum Üben wird der Parcours am besten zunächst in kurze Sequenzen unterteilt. Erst wenn diese flüssig klappen, kann man alles wieder zusammensetzen. Achte darauf, dass du den für deinen Hund günstigsten Weg findest. In der Regel ist dies der Außenbogen. Setze daher die geübten Wechsel gezielt ein.

Ideen für verschiedene Parcoursvarianten

ABBILDUNG 10

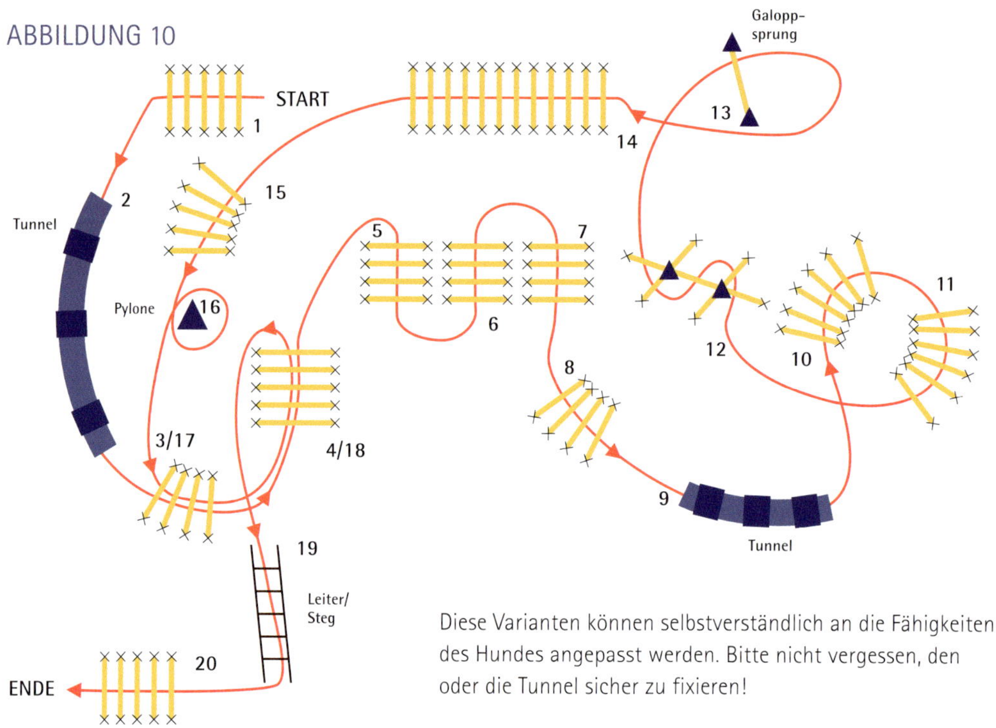

Diese Varianten können selbstverständlich an die Fähigkeiten des Hundes angepasst werden. Bitte nicht vergessen, den oder die Tunnel sicher zu fixieren!

ABBILDUNG 11

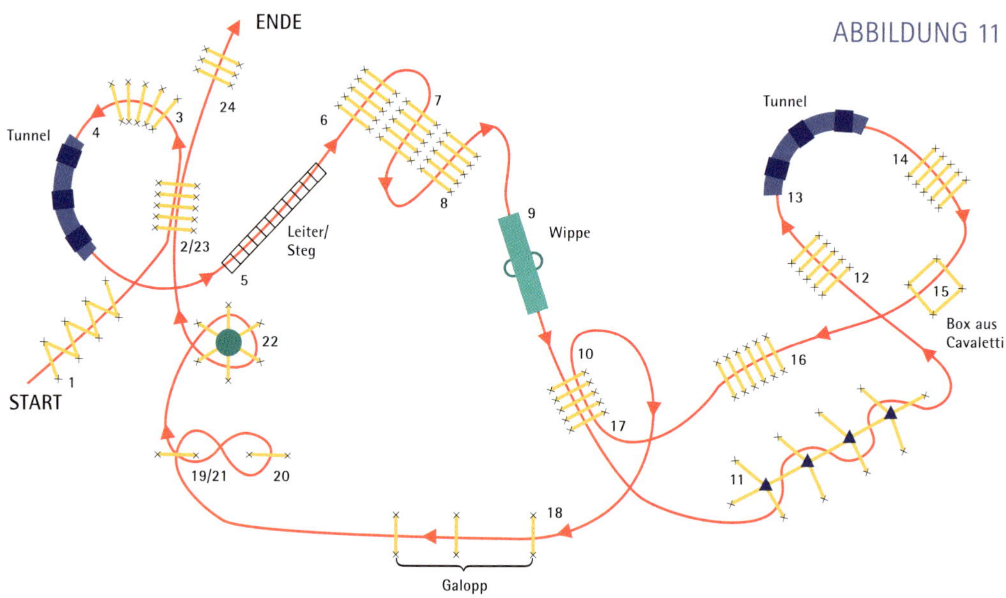

ABBILDUNG 12

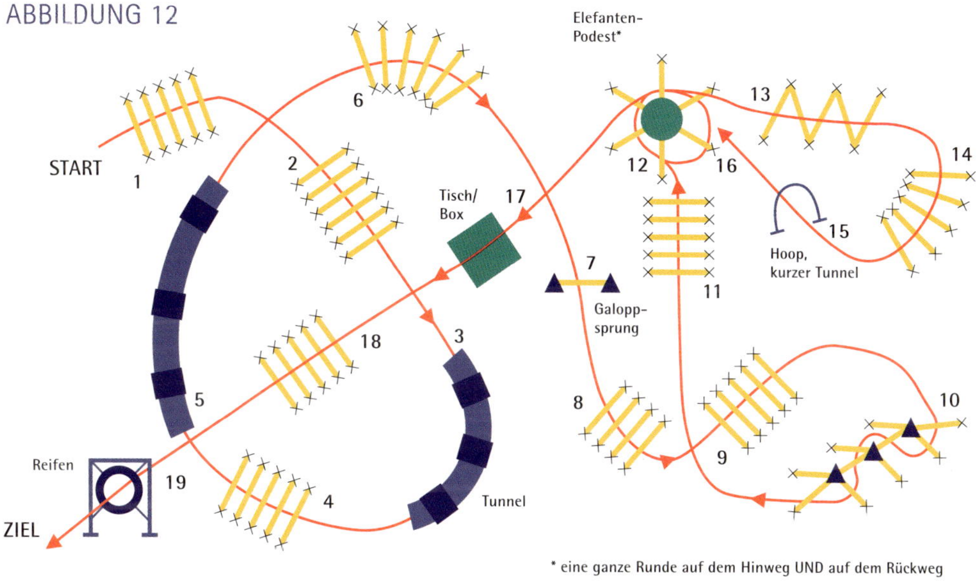

ABBILDUNG 13

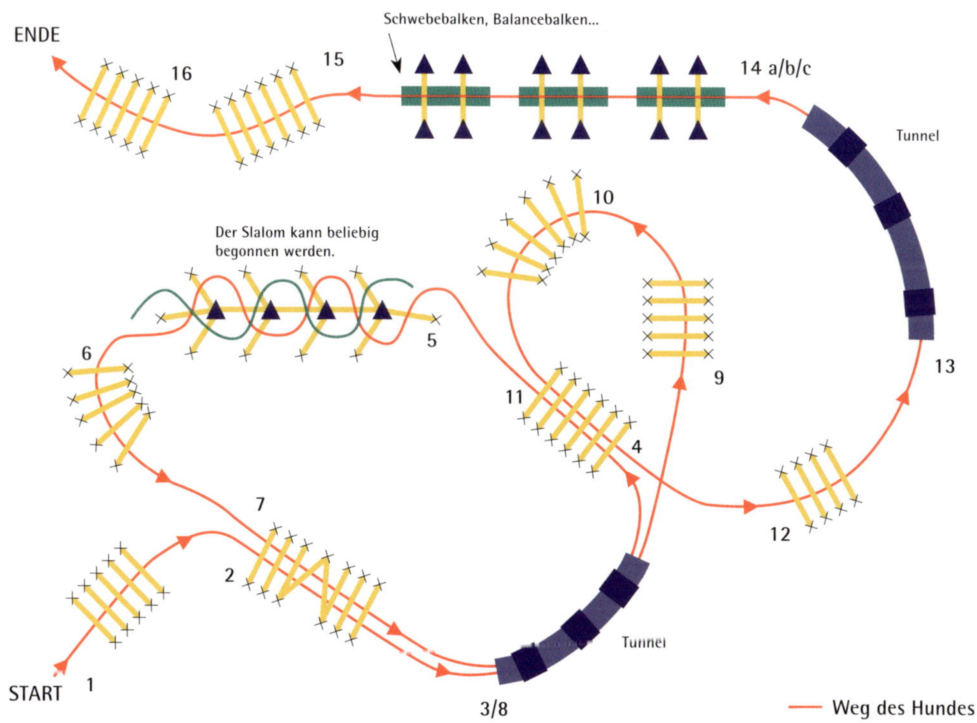

(Foto: Archiv Rumpf)

KREATIVER SPASS MIT CAVALETTI

Cavalettitraining soll in erster Linie Spaß machen. Zum Schluss möchte ich dir daher noch ein paar kreative Ideen vorstellen, die Abwechslung ins Training bringen. Dazu gehören Spiele ebenso wie Figuren aus Cavaletti und einige besondere Herausforderungen.

Cavalettispiele

Die folgenden Spiele sind für zwei oder mehr Mensch-Hund-Teams konzipiert. Sie eignen sich also vor allem für das Training in der Gruppe oder mit einem Trainingspartner. Selbstverständlich kannst du Elemente davon auch allein beim Training mit deinem Hund nutzen.

ZWEI IM QUADRAT

Bei diesem Spiel treten mehrere Zweierteams (jeweils zwei Menschen und zwei Hunde) gegeneinander an. Es geht darum, einen beliebigen, dem Können der Teilnehmer entsprechenden Parcours zweimal hintereinander zu bewältigen. Je nach Ausbildungsstand der teilnehmenden Hunde kann der Parcours aus einem einfachen Oval bestehen, darf aber auch komplexer sein. Zunächst wird der Parcours beiden Hundeführern erklärt: Wo ist welche Gangart gewünscht? Wie ist die Wegführung?

Nun wird ein Hund auf einer markierten Fläche (zum Beispiel auf seiner Decke) am Rand des Parcours abgelegt. Der Hundeführer darf neben ihm stehen. Abhängig vom Ausbildungsstand kann der Hund auch angeleint sein. Der zweite Mensch im Team beginnt mit seinem Hund den Parcours. Passiert ein Fehler (Stange geworfen, verlaufen, Verweigerung, falsche Gangart ...), müssen Mensch und Hund schnellstmöglich zu einer zweiten, vorher markierten Fläche laufen und der Hund muss sich dort ins Platz legen. Sobald er liegt, darf der bisher liegende Hund aufstehen und mit seinem Menschen an der Stelle im Parcours weitermachen, wo der Fehler passiert ist. Gefallene Stangen sollten von Helfern wieder aufgelegt werden. Passiert nun wieder ein Fehler, wird erneut auf die beschriebene Weise gewechselt.

Insgesamt sind zwei Runden zu laufen, wobei ein Pflichtwechsel erfolgt, bevor das erste Hindernis des Parcours zum zweiten Mal genommen wird. Wenn kein Fehler passiert, gibt es also nur an dieser Stelle einen Wechsel, sodass beide Parteien des Zweierteams je einmal den Parcours laufen. Zum Schluss wird die Gesamtzeit für die beiden Runden inklusive Wechselzeiten genommen. Gewonnen hat das schnellste Zweierteam.

INNENPARCOURS UND AUSSENOVAL

Für dieses Spiel wird ein Oval aus Cavalettistrecken aufgebaut, in dessen Mitte ein Parcours steht. Es wird ebenfalls in Zweierteams gespielt. Das Spiel bietet die Möglichkeit, das Laufen unter Ablenkung zu trainieren, weil die beiden Mensch-Hund-Paare gleichzeitig laufen: Eines absolviert das Außenoval, das andere den Parcours in der Mitte. Auf dem

Bei „Innenparcours und Außenoval" sowie bei „Punkte zählen" laufen zwei Mensch-Hund-Paare gleichzeitig. (Foto: Archiv Rumpf)

Oval befinden sich mehr Hindernisse (Cavalettistrecken), dafür ist beim Innenparcours die Linienführung schwieriger. Gangarten werden nicht vorgegeben und es geht auch nicht um Zeit. Wenn beide Paare ihren jeweiligen Parcours abgeschlossen haben, werden die Fehler addiert. Geworfene Stangen in einer Strecke zählen als ein Fehler (egal, wie viele Stangen). Ein Fehler wird auch verzeichnet, wenn der Weg vergessen oder ein falsches Hindernis genommen wurde. Anschließend werden alle Stangen wieder aufgelegt und die Mensch-Hund-Paare tauschen. Wer zuvor innen gelaufen ist, läuft jetzt außen, und umgekehrt. Anschließend werden erneut die Fehler gezählt.

Bei der Wertung können entweder die Mensch-Hund-Paare innerhalb ihres Zweierteams gegeneinander antreten oder das gesamte Zweierteam gegen ein oder mehrere weitere Zweierteams.

PUNKTE ZÄHLEN

Dieses Spiel wird ganz ähnlich aufgebaut wie das Spiel Innenparcours/Außenoval. Das Außenoval darf ruhig großzügig sein. Innen steht diesmal kein Parcours im eigentlichen Sinn, sondern stattdessen werden dort unterschiedliche Cavalettistrecken platziert, an die auf beiden Seiten jeweils ein Schild mit einer beliebig gewählten Punktzahl gestellt wird. Zwei Mensch-Hund-Paare spielen gegeneinander. Ein Paar läuft auf dem Außenoval. Passiert ein Fehler, legt der Hundeführer seinen Hund ab, baut das Hindernis (die Strecke) wieder auf und geht es erneut an, bis er es gemeinsam mit dem Hund fehlerfrei überwunden hat. Dann erst darf das nächste Hindernis in Angriff genommen werden. So geht es weiter, bis das Oval einmal komplett absolviert wurde.

In der Zeit, die der Außenläufer für eine komplette Runde benötigt, sammelt der Innenläufer mit seinem Hund Punkte. Er kann innerhalb des Ovals kreuz und quer die Strecken ablaufen, die ihm möglichst viele Punkte bringen (es zählt die Punktzahl auf dem Schild, das aus der jeweiligen Bewegungsrichtung sichtbar ist). Dabei muss er beachten, dass jedes Hindernis höchstens dreimal aus derselben Richtung angelaufen werden darf und dass vor dem erneuten Anlaufen einer bestimmten Strecke immer mindestens zwei andere Strecken absolviert werden müssen (man kann also nicht immer hin und her über dieselbe Strecke laufen). Ein Helfer geht mit dem Innenteam mit und notiert die Punkte oder ruft die Zahlen einem Schreiber am Rand zu. Hat der Außenläufer seine Runde abgeschlossen, stoppt das Punktesammeln und die Mensch-Hund-Paare tauschen. Sind beide Paare je einmal innen und einmal außen gelaufen, werden die jeweiligen Punkte addiert. Gewonnen hat das Paar mit der höchsten Punktzahl.

Das Spiel kann auch in Zweierteams gegeneinander gespielt werden. In dem Fall laufen die Mensch-Hund-Paare wie beschrieben, ihre jeweils gesammelten Punkte werden jedoch für die Auswertung addiert.

Ein bereits aufgebauter Cavagility-Parcours eignet sich hervorragend, um eine Variante dieses Spiels zu spielen. Hierfür werden die Zahlen, die die Reihenfolge der

Hindernisse vorgegeben haben, nach dem Zufallsprinzip vertauscht und es wird eine Zeit vorgegeben (zum Beispiel 90 Sekunden), innerhalb der jedes teilnehmende Mensch-Hund-Paar so viele Punkte sammeln kann wie möglich. Gewonnen hat das Team mit der höchsten Punktzahl.

DENKSPORT GEGEN DIE UHR

Dieses Spiel wird auf Zeit gespielt. Aufgestellt wird ein nicht allzu schwieriger Parcours mit maximal 20 Hindernissen. Mit eingebaut werden können verschiedene Untergründe, Tunnels, Pylonen oder andere Aufgaben, angepasst an den Ausbildungsstand der teilnehmenden Hunde. Kernstück des Parcours ist ein Tisch, der zweimal in den Verlauf integriert wird (siehe Abbildung). Das Mensch-Hund-Paar startet an Hindernis 1 und läuft die Runde bis zum Tisch. Für jeden Fehler, ob in einer Strecke oder an einem anderen Hindernis, gibt es 5 Strafsekunden. Auf dem Tisch muss der Hund nun eine zuvor festgelegte Position einnehmen (Sitz/Platz/Steh) und halten. Dem Hundeführer wird währenddessen eine Frage gestellt, die er richtig

Kernstück des Parcours beim Denksportspiel ist der Tisch. (Foto: Archiv Rumpf)

ABBILDUNG 14

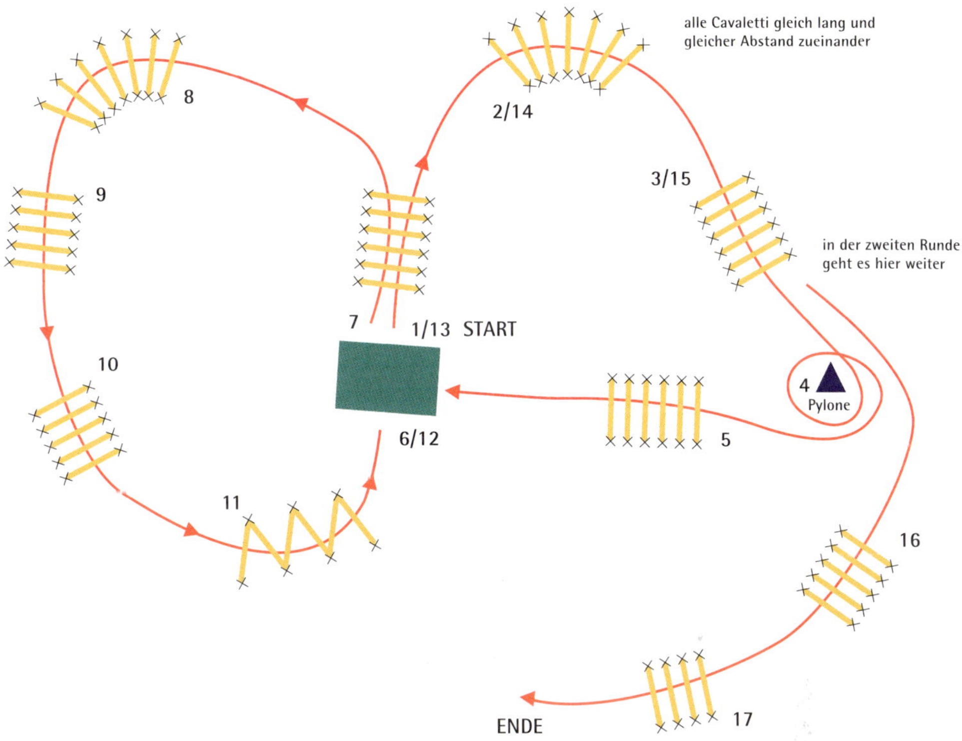

Vorschlag für einen einfachen Parcours mit Tisch.

beantworten muss, um weiterlaufen zu dürfen. Beantwortet er die Frage falsch, kann der Hundeführer eine zweite Frage wählen oder 5 Strafsekunden in Kauf nehmen, damit er weiterlaufen darf. Verändert der Hund während des Stellens und Beantwortens der Frage seine Position, muss der Hundeführer ihn zunächst wieder in die ursprüngliche Position bringen. Dann wird die Frage erneut vorgelesen und beantwortet (die Zeit läuft während all dem weiter). Nach richtiger Beantwortung der Frage geht es weiter durch den Parcours, bis das Paar erneut am Tisch ankommt. Hier folgt die zweite Fragerunde nach dem gleichen Muster, bevor es über die letzten Hindernisse zum Ziel geht. Gewonnen hat das Paar, das am schnellsten durch den gesamten Parcours gekommen ist.

Für die erste Fragerunde bieten sich einfache Kopfrechenaufgaben an wie 3 + 4 – 5 = ... oder 10 : 2 + 7 = ... In der zweiten Runde können einfache allgemeine Fragen folgen, die spontan beantwortet werden müssen. Hier einige Ideen:

- Wie heißt die Person, die ihr langes Haar aus einem Turm herablässt? (Rapunzel)
- Name eines berühmten Geheimagenten im Kino? (James Bond/007)
- Was ist das größte Säugetier? (Wal)
- Nenne ein Wahrzeichen Frankreichs. (Eiffelturm)
- Was ist ein anderer Name für New York? (Big Apple)
- Wie lautet der Name eines reichen Entenhauseners? (Dagobert Duck)

In einem Spiel auf Zeit fallen einem Kopfrechnen und das Beantworten einfacher Fragen häufig schwerer, weil immer ein gewisser Druck besteht, auch wenn es nur ein zum Spaß ausgetragener Wettkampf ist. Das Spiel eignet sich daher gut als Vorbereitung auf echte Prüfungssituationen.

EINS GEGEN EINS

Dieses Spiel wird parallel gegeneinander gespielt. Wenn kein Spielpartner zur Verfügung steht, ist das im Folgenden beschriebe-

Die zu tragenden Gegenstände sollten bei diesem Spiel so beschaffen sein, dass sie den Hund nicht beim Laufen behindern. (Foto: Archiv Rumpf)

ne Spielprinzip außerdem eine schöne Beschäftigungsidee für dich und deinen Hund.

In ausreichendem Abstand wird für die beiden Mensch-Hund-Paare jeweils eine Cavalettistrecke aufgebaut. An beiden Enden steht jeweils ein Behältnis, eines ist leer und im anderen befinden sich drei Gegenstände, die ein Hund gut tragen kann. Gestartet wird mittig neben der Cavalettistrecke. Die Hunde werden nun an ihrer Strecke zu dem Behälter mit den Gegenständen geführt, sollen einen Gegenstand aufnehmen, diesen über die Cavaletti zum leeren Behälter tragen und dort hineinfallen lassen. Anschließend geht es ohne Gegenstand zurück über die Cavaletti, ein zweiter Gegenstand wird aufgenommen und erneut über die Cavaletti getragen. Ziel ist, dass sich am Schluss alle Gegenstände in dem zuvor leeren Behälter befinden. Welches Mensch-Hund-Paar schafft es am schnellsten?

Eine Steigerung des Schwierigkeitsgrads für sehr geübte Mensch-Hund-Paare wäre, dass die Gegenstände benannt und in einer bestimmten Reihenfolge transportiert werden müssen.

Cavalettifiguren

Figurenlaufen macht Spaß, animiert deinen Hund durch ungewöhnliche Wege dazu, besonders aufmerksam auf dich zu achten, und hat eine kreative Komponente. Im Folgenden findest du drei Ideen. Ich freue mich sehr über Fotos von deinen eigenen Figuren.

Für Figuren brauchst du in der Regel recht viele Stangen, die häufig unterschiedlich ausgerichtet werden müssen. Geführt wird mal außen und mal innen. Du kannst zusätzlich Abstand, Höhe, Untergrund und Art der Cavaletti variieren (dicke Stangen, dünne Stangen, quer gelegte Stangen, gekreuzte Stangen, gern auch Poolnudeln, Vierkanthölzer oder andere längliche Objekte, die sich zum Überlaufen eignen). Je nach vorhandenem Platzangebot kannst du die Figuren größer oder eher klein aufbauen.

HERZ

Die Figur „Herz" besteht im Grund aus zwei Fächern und einem Dreieck. Schwierig ist hier nur der Richtungswechsel zwischen den Fächern. Wenn du im Herz läufst, kannst du deinen Hund hierfür einmal hinter deinem Rücken um dich herumschicken und ihm dann die neue Bewegungsrichtung für die zweite Hälfte der Figur anzeigen. Von außen geführt ist es schwieriger, dem Hund zu vermitteln, die von dir wegführenden Bögen präzise abzulaufen.

HUFEISEN

Beim Hufeisen handelt es sich um einen doppelten Bogen, der entweder von außen oder von innen geführt wird. Der Hund kann die auf dem Bild gezeigte Figur in unterschiedlichen Richtungen kreuzen und mittig um die Pylonen (die „Hufnägel") geführt werden, gern auch im Slalom. Du könntest auch

Ein Herz aus Cavaletti. (Foto: Archiv Rumpf)

Die Basisvariante des Hufeisens. (Foto: Archiv Rumpf)

zusätzlich Targets auslegen, auf die du deinen Hund schickst. Außerdem lässt sich das Hufeisen als eine Art Labyrinth nutzen, bei dem es nicht darum geht, die Stangen zu überlaufen, sondern darum, innerhalb der Begrenzung zu bleiben. Es gibt noch zahlreiche weitere Möglichkeiten. Hier ist deine Kreativität gefragt!

X

Das X ist die einfachste, aber auch die vielseitigste Figur. Es besteht aus vier aufeinander zulaufenden geraden Cavalettistrecken. Du kannst die vier Schenkel des X auch unterschiedlich aufbauen, also für Schritt, für Trab, mit verschiedenen Untergründen und mit verschiedenen Stangenanordnungen (gekreuzt, schräg, hoch, tief ...). Der Zwischenraum im Mittelpunkt dient als „Box", in der verschiedene Positionen wie Sitz, Platz und Steh oder auch andere Übungen wie Männchen und Drehen um die eigene Achse abgefragt werden können. Platziere hier zur Abwechslung auch mal eine Pylone zum Umrunden oder ein Podest zum Besteigen.

Herausforderungen mit ungewöhnlichen Cavalettivarianten

Wenn dein Hund das Überlaufen von Stangen als Grundprinzip des Cavalettitrainings sicher verstanden hat, kannst du nicht nur

Das X bietet viele Trainingsmöglichkeiten und kann auch von zwei Mensch-Hund-Paaren gleichzeitig absolviert werden. (Foto: Archiv Rumpf)

durch Aufbauen verschiedener Wege und Figuren kreativ werden, sondern auch, indem du die Materialien variierst. Verwende doch mal statt Stangen verschiedene Haushaltsgegenstände als Cavaletti. Ich gebe dir hier ein paar Anregungen, aber bestimmt fällt dir noch viel mehr ein. Ich freue mich über Fotos von deinen Ideen zu diesem Kapitel!

CAVALETTI AUS PET-FLASCHEN ODER KÜCHENROLLEN

Probier mal aus, ob dein Hund auch PET-Flaschen oder die Pappröhren von Küchenrollen als Cavaletti überläuft. Das klingt einfacher, als es ist, denn es gibt keine Auflagen rechts und links als optische Begrenzung. Zudem sind PET-Flaschen deutlich dicker als Stangen, sodass der Hund möglicherweise größere Schritte machen muss.

CAVALETTI AUS WOLLE ODER PAKETSCHNUR

Wie sehr ist dein Hund auf deutlich zu erkennende Stangen als Cavaletti angewiesen? Knote doch mal Wollfäden oder Paketschnur zwischen deine Hütchen/Pylonen und lass ihn darübersteigen. Beginne mit einem „Fadencavaletto"; wenn es klappt, kannst du weitere hinzunehmen. Achtung: Ängstliche Hunde erschrecken möglicherweise, wenn sie hängen bleiben und die Pylonen dadurch umfallen.

CAVALETTI AUS SPAGHETTI

Noch schwieriger wird es, wenn die Cavaletti aus Lebensmitteln bestehen. Schafft es dein Hund, über Spaghetti zu steigen? Klappt das auch mit Salatgurken oder sogar mit Wiener Würstchen (die er im Anschluss als Leckerchen bekommen kann)?

So lassen sich Fadencavaletti aufbauen. (Foto: Archiv Rumpf)

Besonders schwierig: dünne und zudem essbare Spaghetti-Cavaletti. (Foto: Archiv Rumpf)

Steffi Rumpf mit ihren Hunden Kalle, Biene und Yoki. (Foto: Archiv Rumpf)

DANKSAGUNG

Ich danke allen Teilnehmern meiner Präsenz- und Onlineseminare und meiner regelmäßigen Trainingsgruppen vor Ort bei doggi-fun.

Ein besonderes Dankeschön geht an die motivierten Teilnehmer meiner Trainerfortbildungen. Ich fühle mich geehrt, anderen Trainern meine Ideen zum Trainingsaufbau in meinen Lieblingssparten Cavalettitraining, doggi-golf und Longieren ohne Band vermitteln zu dürfen. Es macht mir immer wieder großen Spaß, mir neue Übungen für euch alle und eure Hunde einfallen zu lassen!

Ich danke meiner Familie für ihre Geduld, meinem Mann Thorsten für die Unterstützung sowie meinen und allen anderen Tieren (nicht nur den Hunden), mit denen ich bisher arbeiten durfte. Ihr seid die besten Lehrer!

Mein Dank gilt auch Julia Keppeler von animals4kids und Barbara und Ernst Heister sowie insbesondere allen, die sich mit ihren Hunden bereitwillig als Model für die Fotos in diesem Buch zur Verfügung gestellt haben: Gaby mit Gianno, Concetta, Fiamma und Siena, Alexandra mit Loui, Noah und Nino, Clarissa mit Nala, Corina mit Nash und Easy, Bettina mit Clou, Cela, Charon und Cwinta, Petra mit Pike, Susi mit Ziva, Susi mit Casey, Angelika mit Amber, Priska mit Gipsy und Sam, Svenja mit Günni, Peanut und Blue, Petra mit Paula, Kirsten mit Bosi, Nicole mit Kleo, Hélen mit Kän Du, Geli mit Biene, Steffi mit Elli, Iris mit Jerry, Alessandra mit Lilo und Eva mit Cleo und Sky. Nicht zu vergessen: Tausend Dank an die Fotografen und Fotografinnen Thorsten Rumpf, Dr. Udo Recker, Svenja Laudenberg, Marita Hajok, Bettina Falzeder Angela Steiner und Petra Hermes.

Ein dickes Dankeschön geht an meine Lektorin Maren Müller für die gewohnt tolle Zusammenarbeit und an Madeleine Franck, die meine Ideen immer wieder begeistert aufnimmt und dem Cadmos Verlag vorstellt.

Und schließlich danke ich euch, den Lesern meiner Bücher, hier insbesondere denen, die sich für das zweite Cavalettibuch entschieden haben! Ich freue mich, dass sich das Cavalettitraining mittlerweile so gut etabliert hat und zahlreiche Hunde davon profitieren können. Mit diesem Buch kann ich den immer wieder an mich herangetragenen Wunsch nach weiteren Übungen endlich erfüllen.

STICHWORTREGISTER

Rolf C. und Madeleine Franck

MOTIVATION PUR

Hundesport macht eigentlich nur Spaß, wenn der Hund voller Begeisterung und mit Fokus bei der Sache ist. Genau das richtige Maß an Motivation zufinden, ist ein wichtiges Element der Zauberformel, die zum Erfolg in Prüfungen und Turnieren führt. In jeder Trainingseinheit lernt der Hund mehr, als das bloße Verhalten, das wir ihm beibringen wollen. Er verknüpft immer auch ein bestimmtes Gefühl und einen Erregungszustand mit den Signalen und der Situation. Der gesamte Lernprozess wird durch Emotionen gesteuert, die wir beeinflussen können und sollten – für eine optimale Motivation. Dieses Buch vermittelt das Wissen um die Bedeutung verschiedener Einflussfaktoren auf die Motivation, um jeden Hund individuell und optimal trainieren zu können.

96 Seiten / broschiert, ISBN 978-3-8404-2056-6
Auch als E-Book erhältlich

Steffi Rumpf

CAVALETTITRAINING FÜR HUNDE

Cavalettitraining ist mehr als nur eine sinnvolle Beschäftigung für Hunde. Koordinationstraining für Welpen, Mobilisierung von Hundesenioren, Aufbautraining für vierbeinige Sportler und Physiotherapie bei Erkrankungen des Bewegungsapparats sind nur einige der vielen Einsatzmöglichkeiten. Spaß und Sport mit dem Cavaletti-Trainung. Die Schritt für Schritt-Anleitung für Aufbau und Training.

96 Seiten / broschiert
ISBN 978-3-8404-2523-3
Auch als E-Book erhältlich

Steffi Rumpf

DOGGI-GOLF

Diese neue Beschäftigung macht allen Vierbeinern Spaß! Dabei wird ein Ball durch verschiedene Hindernisbahnen geschoben – nur mit der Schnauze. Das Ziel: Möglichst schnell einlochen. Trainiert werden kann im Wohnzimmer, im Garten oder mit Freunden gemeinsam, denn doggi-golf funktioniert auch im Team.
Mit Trainingstipps vom ersten Anschubsen bis zum Anzeigeverhalten beim Einlochen, mit hilfreichen Ideen zum kreativen Bahnenbau und Infos zu den Spielregeln etc.

96 Seiten / broschiert
ISBN 978-3-8404-2060-3
Auch als E-Book erhältlich

Manuela Zaitz

DIE GROSSE TRICKKISTE FÜR HUNDE

Um einen Hund körperlich und geistig auszulasten, sind clevere Tricks genau das Richtige. Ob zuhause oder beim täglichen Spaziergang, das Training ist jederzeit und ohne großes Equipment möglich. Anschaulich und leicht verständlich erklärt Trainerin Manuela Zaitz wie es geht und gibt Tipps für viele Tricks von lustig bis anspruchsvoll, aus dem Bereich Behinderten-Begleithunde oder für Mensch-Hund-Teams, die beim Trickdog-Casting punkten wollen.

176 Seiten / broschiert
ISBN 978-3-8404-2061-0
Auch als E-Book erhältlich

Christine Streubel

HUNDETURNEN

Mach mit, werd fit! Ein Hund mit einer guten Fitness und einem guten Körperbewusstsein wird sich seltender verletzen – sowohl im Alltag, beim Spiel mit seinen Kumpels, als auch im Hundesport. Dieses Buch hilft dir dabei, die körperlichen Stärken und Schwächen deines Hundes zu erkennen und seine Fitness durch gezielte Spiele oder Techniken zu fördern. Zu den konditionellen Grundeigenschaften gehören neben der Ausdauer auch die Bereiche Kraft, Schnelligkeit, Beweglichkeit und Koordination.

128 Seiten / broschiert
ISBN 978-3-8404-2055-9
Auch als E-Book erhältlich

CADMOS im CADMOS Verlag www.cadmos.de

Cadmos Verlag GmbH | Englmannstraße 2 | D-81673 München | Tel.: +49 (0) 89 451 08 51-00 DW | E-Mail: vertrieb@cadmos.de